TUDO TEM UMA EXPLICAÇÃO

a biologia por trás de tudo aquilo que você nunca imaginou

Copyright © Kennedy Ramos, 2018
Copyright © Editora Planeta do Brasil, 2018
Todos os direitos reservados.

Organizador de conteúdo: Malu Poleti
Checagem: Maria Elvira Poleti Martucci
Preparação: Hosana dos Santos
Revisão: Rosane Albert e Laura Vecchioli
Projeto gráfico e diagramação: Tereza Bettinardi
Capa: Tereza Bettinardi
Imagens de capa e miolo: Shutterstock

Dados Internacioais de Catalogação na Publicação (CIP)
Angélica Ilacqua CRB-8/7057

> Ramos, Kennedy
> Tudo tem uma explicação: a biologia por trás de tudo aquilo que você nunca imaginou / Kennedy Ramos. — São Paulo: Planeta, 2018.
>
> ISBN: 978-85-422-1366-9
>
> 1. Biologia – Miscelânea 2. Ciência
> 3. Curiosidades e maravilhas I. Título
>
> 18-0920   CDD 574

Índice para catálogo sistemático:
1. Biologia – Miscelânia

2018
Todos os direitos desta edição reservados à:
EDITORA PLANETA DO BRASIL LTDA.
Rua Padre João Manuel, 100 — 21º andar
Ed. Horsa II — Cerqueira César
01411-000 — São Paulo SP
www.planetadelivros.com.br
atendimento@editoraplaneta.com.br

CURIOSIDADE, A FORÇA QUE NOS MOVE!
9

1
A BIOLOGIA POR TRÁS DE TUDO AQUILO QUE VOCÊ NUNCA IMAGINOU
11

2
EU TENHO PREGUIÇA, E VOCÊ?
39

3
FOFOCA: DE ONDE VEM E PARA ONDE VAI?
57

4
O MUNDO ANIMAL É MAIS INTELIGENTE DO QUE VOCÊ IMAGINA
71

5
DIETAS MALUCAS: O QUE A ALIMENTAÇÃO PODE FAZER POR VOCÊ
89

6
CIÊNCIA × FICÇÃO CIENTÍFICA
117

7
O FANTÁSTICO MUNDO DOS DESENHOS ANIMADOS
139

8
BIOLOGIA DA PAIXÃO
155

9
AS DESCOBERTAS MALUCAS E INDISPENSÁVEIS EM NOSSA VIDA
175

10
BIOLOGIA: CIÊNCIA OU ARTE?
189

CURIOSIDADE, A FORÇA QUE NOS MOVE!

Você já parou para pensar quantas vezes no dia, ou melhor, na vida, nos questionamos sobre certas coisas? Seguramente, ninguém nunca atenta para isso, até mesmo porque é algo tão comum à nossa rotina que acaba passando despercebido. A verdade é que, ainda que não tenhamos consciência, a curiosidade e a busca pelo saber são o que nos move, o que nos leva a seguir em frente, aprimorando uma coisinha aqui e outra ali.

Afinal, como seria o mundo hoje se não fôssemos tão curiosos? Como viveríamos? Como seriam as nossas relações pessoais? Saberíamos o que são os sentimentos? E os idiomas? Como nos comunicaríamos? Nossas casas seriam como? Teríamos internet? Como seriam as nossas roupas? Como conheceríamos outros lugares do mundo se não existissem os meios de transporte? Como sobreviveríamos a algumas patologias ou até onde chegaríamos sem a prevenção de algumas doenças e sem o conhecimento para a erradicação de outras? Ao praticarmos a observação, o estudo e a reflexão, estamos fazendo ciência. E o ponto de encontro comum a mim, a você e aos grandes cientistas é a curiosidade. Essa intrigante condição humana que os pesquisadores têm de sobra é que está por trás das grandes e pequenas descobertas científicas.

E por que os cientistas sempre querem saber mais? Greg Feist, um professor americano e estudioso em psicologia comportamental, acredita que, cientistas ou não, podemos pensar no mundo cientificamente. Como assim? Como um aglomerado de condições que podem ser observadas e examinadas, pois isso é próprio da personalidade humana, existindo algumas pessoas mais dispostas a receber ideias novas, independentemente do nível intelectual. Dessa forma, podemos definir, psicologicamente, o nível de interesse em descobertas de um indivíduo. E qual a importância disso? Para Greg, isso é fundamental na educação para não deixarmos de estimular crianças com potencial investigativo dentro das escolas e, em razão disso, deixar de formar cientistas extraordinários.

Qual o seu nível de interesse? Qual a sua curiosidade? Quais são os seus dilemas e questionamentos? Você já pensou sobre a origem da vida? Onde a evolução nos trouxe? O que aconteceu com o ambiente para chegarmos até aqui? Como nos tornamos os humanos de hoje? E os outros animais? A natureza? O que se passa na cabeça dos inventores? Por que somos assim? Por que sentimos dor, medo e raiva? O que explica nossas paixões e nossos desejos? Do que somos feitos? O que pode nos transformar? Para onde estamos indo?

Se, assim como eu, você já se deparou com essas indagações e se assume um curioso sobre a vida, eu o convido a se deixar levar por essas páginas de descobertas e reflexões, tendo a biologia como a nossa melhor amiga para nos explicar o porquê de tudo. Vem comigo, que você não vai se arrepender!

1

A BIOLOGIA POR TRÁS DE

TUDO AQUILO QUE VOCÊ NUNCA IMAGINOU

Pare o que estiver fazendo neste exato momento e corra até um espelho. Olhe-se por uns instantes e tente observar o maior número de detalhes possível. Olhe para a roupa e para os acessórios que está usando. Depois, investigue seus olhos e seu nariz. Agora, abra a boca e veja como são seus dentes e sua língua. Faça o mesmo com as orelhas. Olhe com um pouco mais de atenção para suas bochechas, seus cílios e suas sobrancelhas. Passe agora para os cabelos, como estão eles? Curtos, compridos, tingidos?

Continue na frente do espelho.

Olhe agora para o seu pescoço e, virando-se de lado, tente ver também a sua nuca. Passe para o tronco e veja o seu colo, procure marcas de expressão, cicatrizes, se tiver alguma. Olhe para os seus braços e depois para as suas mãos. Como são seus dedos e unhas? Usa algum anel? Faz algum tipo de atividade física? Toca algum instrumento ou gosta de desenhar? Agora, observe a sua barriga. Depois, olhe para o seu quadril, suas coxas e canelas. Olhe as suas pernas separadamente e, em seguida, as observe como um todo. Como estão os seus joelhos? Já caiu algumas vezes? Quais histórias lhe vêm à cabeça quando olha para as marcas do seu corpo?

Permaneça aí. Não pare de se observar.

Olhe agora para os seus pés. Como eles estão? Descalços ou usando algum tipo de sapato? Já quebrou algum deles? Como são os dedos dos seus pés? Qual o número dos seus sapatos? Gostaria de levar seus pés para fazer uma caminhada?

Tenha calma e permaneça olhando para o espelho.

Agora, olhe o seu corpo como um todo. Quem é você? Como se chama? Quantos anos tem? Você se lembra do seu corpo no passado? Gostaria de mudar alguma coisa? Que histórias você, nesse corpo, tem para contar? Já conheceu outros países? Sabe nadar e andar de bicicleta? E suas roupas, têm a ver com sua personalidade?

Agora você já pode sair da frente do espelho.

Imagino que um bilhão de coisas tenha passado pela sua cabeça, das mais simples às mais inusitadas. Em geral, não encaramos o espelho com a intenção de nos olharmos de verdade, de admirarmos o que somos e de encontrarmos o que queremos mudar. Não entrarei na questão do quanto é importante nos conhecermos para termos uma autoestima elevada, mas quero chamar sua atenção para o que somos de fato e para o quanto mudamos com o passar do tempo.

E por que mudamos tanto ao longo dos anos?

Uma transformação notável foi a das mãos, que passaram a criar e mover ferramentas com precisão. Quando nossos antepassados se tornaram bípedes, eles tiveram de aprender a viver de forma totalmente diferente, o que causou inúmeras adaptações necessárias ao organismo, incluindo diversas mudanças no que se refere ao sexo.

SELEÇÃO SEXUAL

À época em que nossos ancestrais se locomoviam utilizando os quatro membros, o esperma do macho era depositado com precisão na entrada do útero da fêmea. A posição bípede, no entanto, dificultou a fertilização, pois, ao terminar o ato sexual e a fêmea se levantar, o produto da ejaculação facilmente fluía. Em meio a isso, as fêmeas com órgãos sexuais mais profundos foram favorecidas pela seleção natural, já que permitiam que pelo menos parte dos espermatozoides ficasse contida no corpo feminino.

Com as transformações do órgão feminino, o órgão masculino, consequentemente, também acabou sendo modificado. Tendo as fêmeas útero mais profundo, os homens precisaram de órgãos mais longos para, inicialmente, continuar a procriar. Tanto o tamanho como a ausência de ossos no pênis humano estão relacionados à busca por parceiros saudáveis e capazes de reproduzir. Para Richard Dawkins, reconhecido biólogo evolutivo, o tamanho peniano está relacionado com o deslocamento eficiente do esperma, e a ausência do osso, com a ereção.

O biogeógrafo Jared Diamond, autor do livro *O terceiro chimpanzé: a evolução e o futuro do ser humano*, é responsável pela teoria de que o tamanho do pênis humano poderia indicar, na evolução, a competição para ganhar atenção dos representantes do sexo oposto, como ocorre com os pavões, que, na época do acasalamento, cortejam as fêmeas exibindo suas exuberantes caudas. Diamond, entretanto, deixa claro que a ideia é controversa, já que diversas pesquisas mostraram que as mulheres se atraem mais por outros atributos, como pernas, voz e ombros masculinos, deixando o pênis no fim da lista de características mais atraentes no corpo do homem.

Sabemos que parte da evolução do nosso corpo está relacionada à teoria da seleção natural e que a seleção sexual é capaz de explicar as modificações de algumas características do nosso corpo. Mais um exemplo disso é o formato anatômico e arredondado das mamas das mulheres. Um famoso zoólogo e etólogo britânico, Desmond Morris, discorre sobre a evolução de partes como as nádegas e as mamas. Segundo ele, a função das mamas, nas mulheres, vai muito além da amamentação, visto que sua composição é fundamentalmente de gordura e não de glândulas mamárias. A fêmea humana é a única que possui mamas protuberantes durante a maior parte da vida, mesmo quando não está lactando; além disso, esse volume das mamas não é funcional na amamentação.

Diante desses fatos, fica claro para Morris a relação das mamas com a função sexual. Ele explica, de acordo com a observação do comportamento de outros primatas, que as mamas imitam as nádegas. É comum nos macacos as fêmeas emitirem sinais eróticos com o traseiro enquanto caminham, excitando os machos. Assim como nos macacos, nas fêmeas humanas os sinais também partem das nádegas, porém, como a mulher caminha ereta, quando ela é vista de frente, as nádegas não podem ser observadas, mas o "par falso" de nádegas que a mulher possui na frente do corpo, sim. E, mais uma vez, estamos diante da seleção sexual, pois uma parte do corpo – as mamas – que, aparentemente, não traz vantagens na luta pela sobrevivência, acaba prevalecendo porque é atraente para o sexo oposto, e os indivíduos com tais características acabam sendo mais atraentes para os possíveis parceiros sexuais e, consequentemente, procriando mais.

PARA RICHARD DAWKINS, RECONHECIDO BIÓLOGO EVOLUTIVO, O TAMANHO PENIANO ESTÁ RELACIONADO COM O DESLOCAMENTO EFICIENTE DO ESPERMA, E A AUSÊNCIA DO OSSO, COM A EREÇÃO.

A REPRODUÇÃO

Como é que são feitos os bebês? Quem nunca fez essa pergunta que atire a primeira pedra!

Ao contrário das histórias que ouvimos quando crianças e a que assistimos nos mais diversos filmes infantis, os bebês não vêm das cegonhas e nem são sementinhas que a mãe engoliu. A biologia nos explica tudo!

Na espécie humana, para que um bebê seja feito é preciso haver relação sexual entre um homem e uma mulher ou, melhor explicando, é preciso que o ovócito seja fertilizado pelo espermatozoide. Isso pode ocorrer de forma natural, por meio de relação sexual, ou por reprodução assistida, sendo uma das mais conhecidas a fertilização *in vitro*. Neste caso, o ovócito é fertilizado pelo espermatozoide fora do organismo, sendo realizada posteriormente por um especialista (daí o termo "assistida") a transferência do embrião para o útero (previamente preparado para recebê-lo). Graças a essa tecnologia, é possível gerar um bebê sem a necessidade do ato sexual, sendo isso um avanço enorme para os casais heteroafetivos com problemas de infertilidade, por exemplo, e para os casais homoafetivos que desejam gerar filhos.

Em alguns animais não humanos e no reino vegetal existe a reprodução sexuada e a assexuada. Na primeira, os seres podem ser monoicos (que, para fácil entendimento, tem o mesmo sentido de hermafroditismo), cada indivíduo possuindo órgãos sexuais dos dois sexos (masculino e feminino), ou dioicos, cada indivíduo possuindo apenas um órgão (masculino ou feminino).

No segundo tipo de reprodução, a assexuada, não há mistura de material genético e os indivíduos reproduzem seres geneticamente idênticos. Existem ainda aqueles que fazem reprodução sexuada e assexuada, como é o caso da água-viva, que na sua fase de medusa se reproduz sexuadamente e na sua fase pólipo, assexuadamente.

DEFINIÇÃO DE SEXO BIOLÍGOCO E GÊNERO

Primeiramente, precisamos esclarecer que "sexo" e "gênero" não são sinônimos. Para fácil entendimento, "sexo" se refere à forma e à função (anatomia e fisiologia), se referindo a cromossomos e à genitália (fêmeas e machos). "Gênero", por sua vez, envolve a relação do sexo com fatores históricos, culturais e sociais, podendo ou não corresponder ao sexo do nascimento.

Por que uns nascem biologicamente homens e outros, mulheres? Quanto aos órgãos masculinos e femininos, a resposta é científica. Simplificando, homens apresentam cromossomos sexuais XY e mulheres, XX. O cromossomo X é herdado da mãe e o Y, do pai. A definição dos sexos fica por conta de um único gene, o SRY, presente no cromossomo Y, e funciona da seguinte maneira: sua presença define a formação dos testículos e do pênis, e sua ausência, a formação dos ovários. Os primeiros sinais de diferenciação sexual podem ser identificados a partir da sexta semana de gestação humana, quando testículos ou ovários são formados.

Agora, quanto ao gênero, devemos entender que este pode corresponder ou não à anatomia (sexo ao nascimento), não cabendo somente à ciência esta definição, uma vez que a identidade de gênero é subjetiva e diz respeito ao sentimento individual e como tal indivíduo se identifica e se autodefine (mulher ou homem).

Devemos, portanto, evoluir com a biologia e não entender como doença os casos em que gênero e sexo são discordantes ("transgênero"). O conhecimento nos permite compreender a existência dessas variações e respeitar a melhor maneira de cada um se adequar ao nosso meio, ajudando a minimizar o preconceito e a discriminação social.

E quanto à orientação sexual? Vamos entender assim: a identidade de gênero, como vimos antes, refere-se à percepção pessoal (em que o indivíduo pode se autodefinir como homem ou mulher), e a orientação sexual, como o próprio nome sugere, está relacionada à sexualidade e ao desejo, podendo apresentar atração afetivossexual por pessoas do mesmo sexo, sexo diferente ou ambos os sexos. Isso nos traz os conceitos de homossexualidade, heterossexualidade e bissexualidade, respectivamente, e nos leva ao próximo tópico...

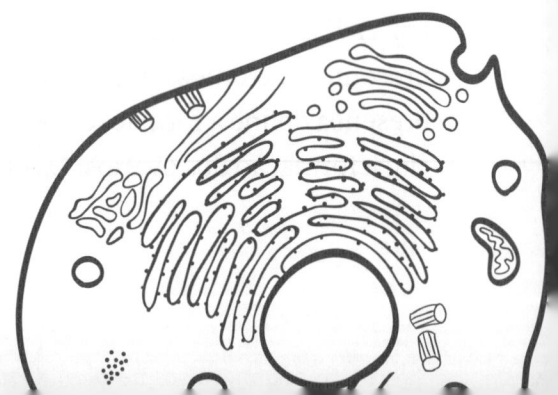

O MUNDO *GAY* ANIMAL

Sim, você leu certo. Para quem ainda duvidava ou nem imaginava que existia, sim, existe comportamento homossexual entre os animais não humanos. A ciência, na verdade, vem há muito tempo estudando as relações homoafetivas entre os animais e só não publicava artigos sobre o assunto porque a sociedade da época achava a questão muito polêmica e desrespeitosa. Um exemplo disso foi a proibição da publicação de uma pesquisa sobre as relações homoafetivas entre os pinguins-de-adélia, realizada em meados de 1911, por conter informações julgadas chocantes para a época.

Muito do que se tem estudado atualmente especula que as relações homoafetivas existem entre muitos animais, independentemente de seu tamanho e, se você é um dos que ficou surpreso até aqui, prepare-se para mais esta: a homoafetividade animal (leia-se como animal não humano) não tem apenas cunho evolutivo. Para algumas espécies, a prática sexual com o mesmo sexo é realizada por prazer e diversão. Veja então quais animais apresentam esse comportamento:

GIRAFAS: entre dez casais da espécie, nove são formados por dois machos, que ficam roçando o pescoço um no outro até que um deles monte no parceiro para concluir o ato sexual.

GALO-DA-SERRA: típico da região Norte do Brasil, 40% dos machos dessa espécie se envolvem com as fêmeas sem qualquer interesse.

LEÃO: 8% dos machos da espécie tem relações homoafetivas. Leoas criadas em cativeiro também apresentam esse comportamento; no entanto, é mais comum em machos.

BESOURO-DA-FARINHA: quando se trata de radiação, essa espécie de besouro é mais resistente do que as baratas. Encontrados em farinhas e biscoitos de trigos, os machos costumam se relacionar para eliminarem o sêmen velho, que já não serve para reprodução, deixando somente os genes bons para as fêmeas, garantindo assim a evolução da espécie.

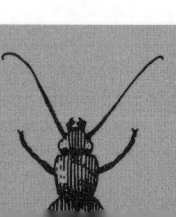

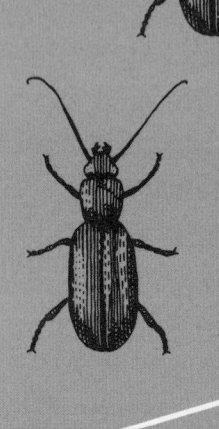

PINGUINS: o caso mais estudado no mundo animal é a relação homoafetiva entre os pinguins. Há mais de um século esse comportamento vem sendo observado, e um caso que chamou atenção foi o de um casal de pinguins *gays* expulso, em 2008, de sua colônia em um zoológico em Harbin, no nordeste da China, por roubar ovos e colocar pedras no lugar, de acordo com o jornal inglês *Daily Mail*. Após protestos e reclamações dos visitantes, o zoológico decidiu dar para os machos ovos de outro casal da espécie que já não conseguia chocar. Especialistas explicam que uma das responsabilidades de ser adulto e macho é manter os ovos fora de perigo e que, apesar do fato de não poderem ter ovos naturalmente, isso não lhes tira o desejo biológico de serem pais. A surpresa para os funcionários foi que o casal se saiu muito bem na tarefa, sendo considerados os melhores pais de todo o zoológico, o que levou os tratadores a desejarem transformá-los em pais biológicos verdadeiros por meio de inseminação artificial.

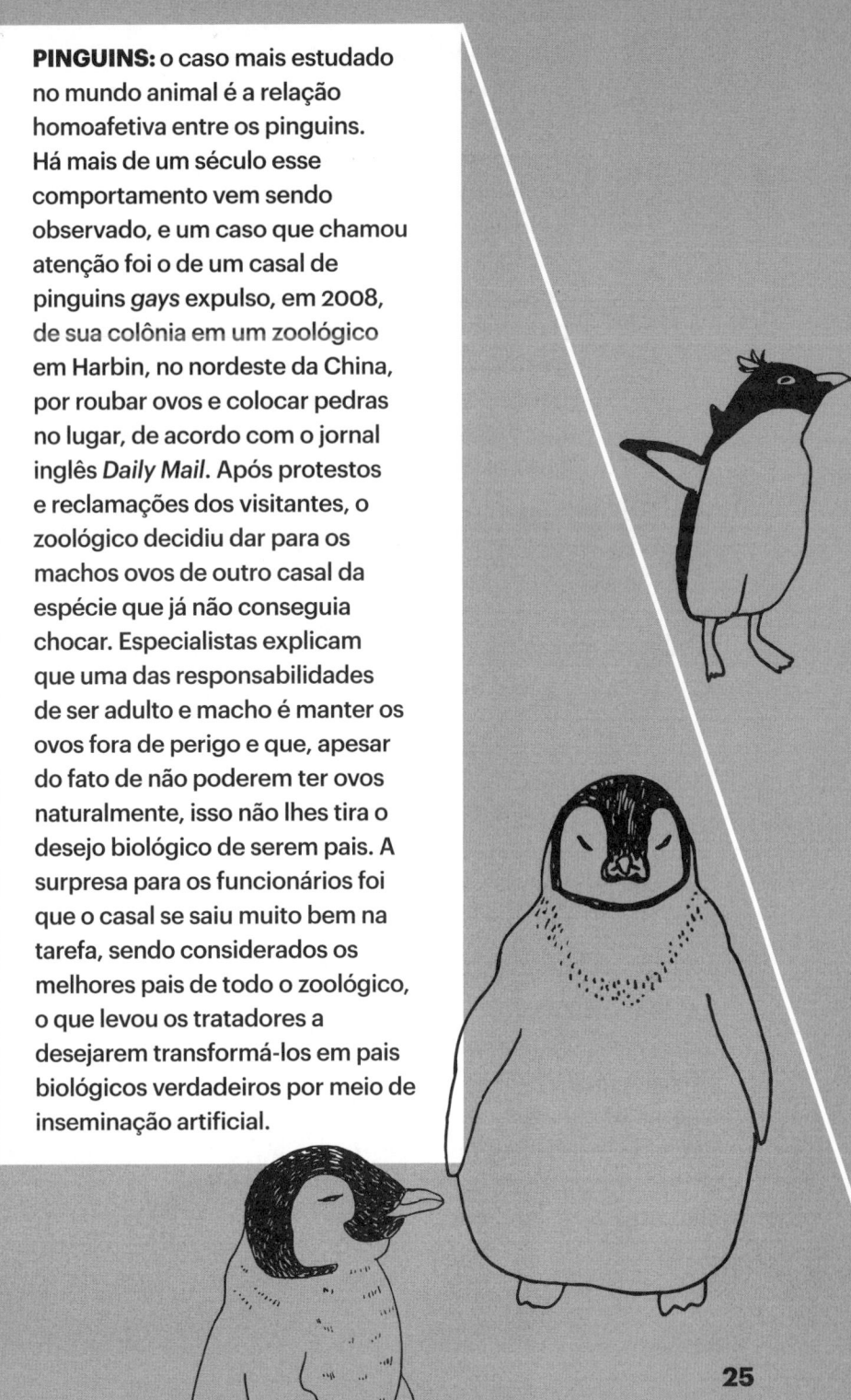

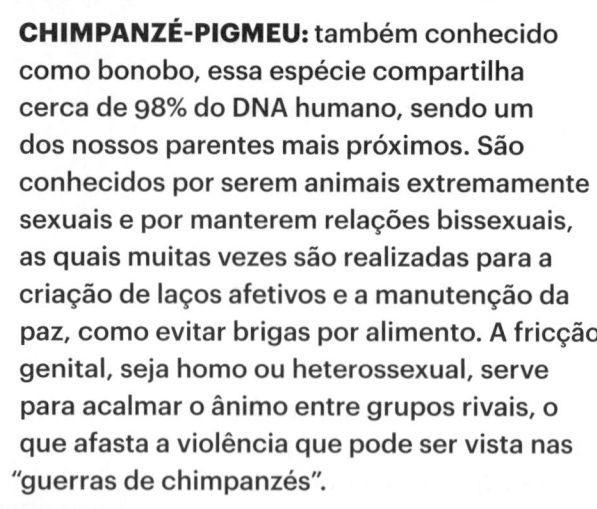

CHIMPANZÉ-PIGMEU: também conhecido como bonobo, essa espécie compartilha cerca de 98% do DNA humano, sendo um dos nossos parentes mais próximos. São conhecidos por serem animais extremamente sexuais e por manterem relações bissexuais, as quais muitas vezes são realizadas para a criação de laços afetivos e a manutenção da paz, como evitar brigas por alimento. A fricção genital, seja homo ou heterossexual, serve para acalmar o ânimo entre grupos rivais, o que afasta a violência que pode ser vista nas "guerras de chimpanzés".

BALEIA-CINZENTA: os machos, que podem chegar a medir 15 m e a pesar 36 t, nadam no fundo do mar de barriga colada, friccionando seus órgãos genitais um no outro.

A CIÊNCIA, NA VERDADE, VEM HÁ MUITO TEMPO ESTUDANDO AS RELAÇÕES HOMOAFETIVAS ENTRE OS ANIMAIS E SÓ NÃO PUBLICAVA ARTIGOS SOBRE O ASSUNTO PORQUE A SOCIEDADE DA ÉPOCA ACHAVA A QUESTÃO MUITO POLÊMICA E DESRESPEITOSA.

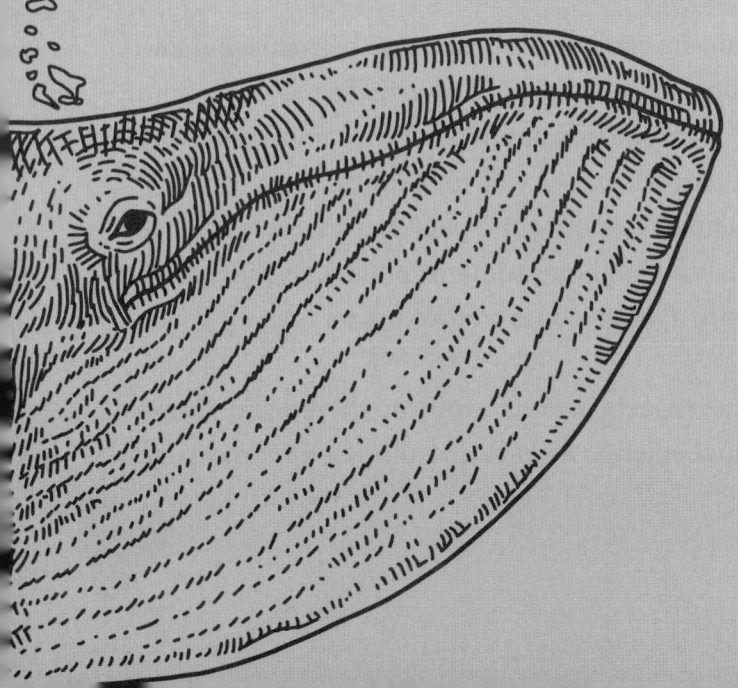

A FIDELIDADE NO MUNDO ANIMAL

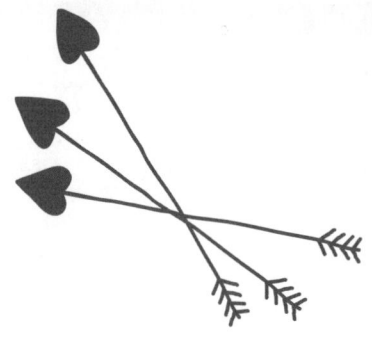

Certamente, uma das últimas coisas que nos vêm à mente quando pensamos no mundo animal são questões de relacionamento, fidelidade, traição, ciúmes, romantismo. Já é quase lugar-comum pensar nos animais como seres que se relacionam com muitos pares no decorrer da vida com o objetivo de procriar. No entanto, a pergunta é: os animais não humanos podem ser fiéis e viver uma monogamia?

➥ **A resposta é: sim.** ⬅

Antes de entrarmos nessa questão, vamos falar sobre a monogamia. A monogamia nada mais é do que um relacionamento no qual se permanece com um único parceiro para o resto da vida ou por um tempo.

Entre os animais, há casais que se juntam e permanecem fiéis somente no período do acasalamento e, depois de realizada a procriação, ficam livres para procurar outros pares. Há também os casais que permanecem unidos durante a vida toda e nunca se separam.

A monogamia é mais comum entre peixes, aves, répteis e insetos. Já os mamíferos não humanos somam apenas 3 a 5% de casais monogâmicos, tanto a longo como a curto prazo. Mas e por que isso acontece?

Mais uma vez a resposta está na evolução da espécie. Como sabemos, o principal objetivo da vida dos animais é reproduzir e dar continuidade à espécie. Entre os animais que se encontram em menor número e entre aqueles que mais se espalham facilmente, como aves, insetos, répteis e peixes, a monogamia acaba sendo a melhor opção para que ocorra, ao menos uma vez na vida, a reprodução. Muito melhor permanecer com um único parceiro e procriar do que correr o risco de nunca colaborar com a reprodução, não é mesmo?

Outro ponto importante é a divisão de tarefas para cuidar dos filhotes. Entre os pinguins-imperadores, por exemplo, enquanto um pai fica ao lado do filhote, protegendo-o de predadores, o outro percorre longas distâncias à procura de alimento. Caso só a mãe permanecesse ao lado do filhote, ou ambos morreriam de fome ou o filhote ficaria exposto aos predadores enquanto a mãe saísse em busca de alimento. Melhor dividir as funções, concorda?

Dentre os animais mais fiéis, destacam-se:

CISNES: sem qualquer surpresa, todo o lado romântico presente nos contos de fada e registrado em cartões-postais, com imagens de corações formados por cisnes, é comprovado pela ciência. Os casais de cisnes dividem as tarefas desde o início do acasalamento. Saem à procura de um lugar adequado para o ninho e, em seguida, formam a família ao lado do filhote. No ano seguinte, no momento da reprodução, retornam ao mesmo ninho e, mais uma vez, se reproduzem; ou seja, não permanecem juntinhos durante toda a vida, mas se reproduzem sempre com o mesmo parceiro.

LOBOS: podem ser considerados os animais mais leais e fiéis do reino animal, e não só formam casais únicos ao longo da vida como estabelecem laços afetivos extremamente fortes entre irmãos e irmãs, mantendo-os unidos dentro de suas alcateias para todo o sempre.

PINGUINS: como a tarefa de cuidar de um filhote e lhe garantir boas condições de vida no extremo sul do globo terrestre não é lá a coisa mais fácil do mundo, tudo indica que essas condições levaram os pinguins a evoluírem de modo a permanecerem juntos, dividindo as funções ao longo da vida. No entanto, há alguns casos de separação dos casais quando os filhotes atingem a maturidade. Vida que segue, não é mesmo?

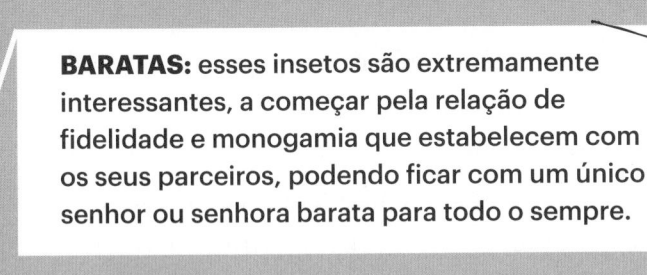

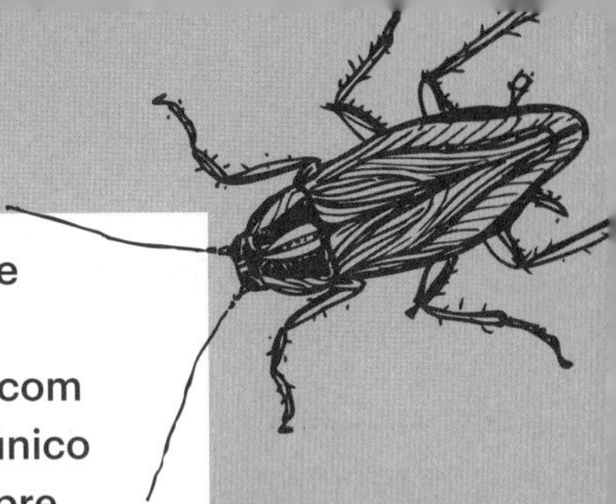

BARATAS: esses insetos são extremamente interessantes, a começar pela relação de fidelidade e monogamia que estabelecem com os seus parceiros, podendo ficar com um único senhor ou senhora barata para todo o sempre.

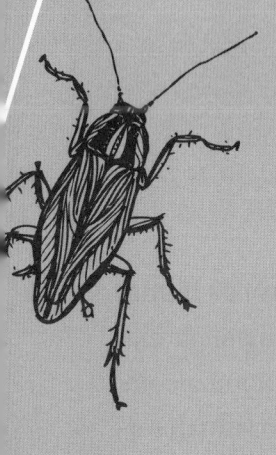

ARARAS: é comum imagens de pares de araras trocando carícias entre si, e, para quem duvidava, sim, são demonstrações de carinho e amor entre casais de araras. Estudos mostram que essas aves, quando atingem a maturidade, saem em busca de um par perfeito, com o qual permanecem para o resto da vida e, ao acasalarem, dividem as funções para cuidarem dos filhotes, ficando ao seu lado por, mais ou menos, sete anos, até que eles atinjam a maioridade e estejam prontos para encontrar seu par. É ou não é uma história linda de amor e parceria?

CORUJA-DAS-TORRES: essa espécie de coruja apresenta rituais de acasalamento um tanto quanto exóticos para o que se considera romântico. O macho costuma berrar, assobiar e se exibir em voos pomposos até encontrar a fêmea perfeita. E, quando a encontra, somente a morte é capaz de separá-los.

E será que entre os animais também rola aquela paquerinha e conquista pelos atributos físicos?

Sim! Um exemplo disso são os casos em que as fêmeas saem à procura de outros parceiros quando não têm sucesso com o atual ou quando outro lhe oferece chances prováveis de genes melhores, traduzidos pela aparência física do animal.

POLIGAMIA

Muito mais comum no reino animal, a poligamia entre os humanos não é tão frequente. Ao contrário da monogamia, a poligamia, como o próprio nome indica, é a possibilidade de se relacionar com diversos parceiros (ou parceiras!) ao mesmo tempo por um determinado período ou, até mesmo, por toda a vida.

No Ocidente, essa prática não é vista com bons olhos. Por questões culturais, ter dois ou mais parceiros ao mesmo tempo é considerado um tipo de traição e deslealdade, o que pode, inclusive, levar à separação dos casais, já que a infidelidade é uma das principais causas de divórcio entre os ocidentais.

No Brasil, por exemplo, a bigamia não é permitida por lei, ou seja, uma pessoa não pode estar legalmente casada com outra quando for assinar os papéis do casamento com um segundo parceiro; por isso, pede-se testemunhas e tantos documentos no cartório que atestem e comprovem o estado civil de solteiro dos noivos. Todo cuidado é pouco nessa hora!

Já no Oriente a conversa muda um pouco e, em algumas regiões, a poligamia é uma prática comum, em que o homem pode se casar com várias mulheres em sua vida, desde que garanta a todas as mesmas condições. Isto é, ele pode se relacionar com quantas mulheres quiser ao mesmo tempo, mas deve fornecer a elas um mesmo padrão de vida.

Outro lugar em que vemos casos de poligamia é a Nigéria. No entanto, a obrigação de garantir a todas a mulheres a mesma condição econômica é tão séria que, recentemente, deu-se início a um movimento para acabar com a poligamia, uma vez que muitos homens não têm condições financeiras para manter igualmente as mulheres com quem se casaram.

Tudo bem, sabemos que a poligamia existe para os homens, mas e o contrário, uma mulher que se casa com dois ou mais homens, isso existe?

Sim! São as mulheres poliândricas, que mantêm múltiplos maridos. No norte da Índia há diversas vilas poliândricas; mas há ocorrências de poliandria também no Tibete, no Ártico canadense, no Nepal, no Butão e no Sri Lanka.

Para quem não está acostumado a essa modalidade de se relacionar e conviver, pode parecer um absurdo, mas, em algumas regiões a poligamia é comum, cultural e eticamente aceita.

> **PARA QUEM NÃO ESTÁ ACOSTUMADO A ESSA MODALIDADE DE SE RELACIONAR E CONVIVER, PODE PARECER UM ABSURDO, MAS EM ALGUMAS REGIÕES A POLIGAMIA É COMUM, CULTURAL E ETICAMENTE ACEITA.**

SEXO POR PRAZER
NO MUNDO ANIMAL

Muitos animais, além do ser humano, são capazes de cruzar fora do cio, ou seja, também fazem sexo por prazer e não exclusivamente para fins reprodutivos.

Deve-se concordar que sexo tem tudo a ver com instinto de perpetuação da espécie, e os animais que têm relações apenas no período mais fértil da fêmea estão aí para provar isso. Contudo, assim como a alimentação – que é movida pela necessidade e pelo prazer de comer bem –, o sexo pode, sim, estar somente relacionado ao prazer e às necessidades fisiológicas dos animais. É o caso, por exemplo, dos chimpanzés-pigmeus, conhecidos, como vimos há pouco, pela vida pacífica e por manterem relações homoafetivas e heteroafetivas fora do período fértil.

Outra espécie que apresenta esse comportamento é o golfinho-nariz-de-garrafa, a mais comum entre os golfinhos, que usa o "nariz" para acariciar e estimular as partes genitais dos parceiros. Muitos deles são bissexuais e, portanto, é comum que se relacionem entre si sem distinção de sexos.

O beija-flor fêmea mantém relações sexuais com um macho frequentemente, mas nesse caso é um pouco diferente, uma vez que essa prática a mantém viva, pois na disputa por alimentos as fêmeas acabam perdendo para os machos e ficam somente com as migalhas do que sobra em arbustos, e não é exagero dizer que essas aves têm de se alimentar o tempo todo para continuarem voando.

> Os beija-flores ou colibris, como também são conhecidos, são as menores e mais leves aves do mundo, são ricos em termos de variedade e extremamente rápidos. Em espécies menores, a velocidade do batimento das asas chega a ser de 90 batidas por segundo. Gastam muita energia para voar e por isso alimentam-se do néctar das flores doces (para se abastecerem de açúcar), de microinsetos e microaracnídeos. Alimentam-se de quatro em quatro horas, chegando a comer em média 30 vezes o seu peso em alimentos por dia para conseguir voar com a energia e a rapidez que lhes são características. Ter relações frequentes com o macho é o jeito para conseguir alimento.

ANIMAIS QUE MORREM OU MATAM APÓS O SEXO

Provavelmente, você já ouviu falar da famosa aranha viúva-negra, não é?

Para a surpresa de todos, a viúva-negra não mata o parceiro. O macho morre acidentalmente ao terminar de depositar os espermatozoides na genitália da fêmea. Ao fazer uma retirada brusca, ele quebra seu aparelho reprodutor (bulbo espiralado) e morre em consequência da perda de um fluido vital, a hemolinfa (líquido análogo ao sangue dos mamíferos). A morte é tão rápida que nem dá tempo de sair da teia. Paulo Goldoni, especialista em artrópodes do Instituto Butantã, um dos maiores centros de pesquisa biomédica do mundo, explica que não é sempre que ele perde o bulbo, mas, quando isso acontece, é como se morresse de hemorragia. Não se sabe ao certo se isso ocorre por descuido ou pela intenção de bloquear o acesso de rivais ao epígeno (genitália da fêmea).

Então de onde vem a fama de assassina da viúva-negra?

Essa reputação vem do fato de ela se alimentar do parceiro após o acasalamento. Ao perceber um alimento fácil em casa, a fêmea aproveita o cadáver do amante para repor a energia gasta durante o ato sexual.

Algo semelhante ocorre no mundo das abelhas. Cada abelha tem uma função dentro da colmeia. A rainha bota ovos, as operárias fazem o mel e os zangões fecundam as rainhas, porém isso não é nada fácil para eles, já que depois de fecundarem a abelha-rainha, o órgão genital dos zangões fica preso na fêmea e se rompe, levando-o à morte, similar ao que acontece com o parceiro da viúva-negra.

Se você acha que só o zangão e o macho da viúva-negra morrem após o acasalamento, saiba que o mundo animal está repleto de histórias de animais que perdem a vida após o ato sexual e que alguns ainda praticam a necrofilia (uso de cadáver como objeto sexual).

A aranha-caranguejeira, por exemplo, pode terminar a relação sexual com a aniquilação do macho para alimentar, sessenta dias depois, os filhotes recém-nascidos. Assim, após da cópula, a fêmea envolve o amante na teia e guarda os seus restos mortais para servir como primeira refeição aos filhotes. Por incrível que pareça, no primeiro banquete de suas vidas, os pequenos alimentam-se do próprio pai.

    O macho da aranha-vespa tem o mesmo fim trágico que o macho da caranguejeira e vira alimento para os futuros filhotes.

    Para os ratos-marsupiais-australianos, a temporada anual de acasalamento pode ter um desfecho ruim devido aos esforços extremos para assegurar que seu esperma seja eficiente durante o curto período fértil das fêmeas, que ocorre uma vez por ano. Eles podem se reproduzir durante doze ou catorze horas seguidas com um grande número de fêmeas. Em decorrência dessa exaustão, podem desenvolver feridas, perder pelos e até a visão. Acabam esgotando seus músculos, tecidos e gastando toda a energia. Eventualmente, uma descarga de hormônios do estresse acaba com os sistemas imunitários e seus corpos cedem completamente... Tudo por serem reprodutores competitivos. Para Diana Fisher, estudiosa da reprodução dos animais, isso é seleção sexual.

    Há ainda as relações sexuais que, literalmente, fazem perder a cabeça.

    Depois da cópula, o louva-a-deus fêmea agarra o parceiro e o come vivo, escolhendo, na maioria das vezes, a cabeça como prato principal. Isso garante energia para que ela construa ootecas (espaço onde deposita os ovos) mais fortes e com lugar para mais ovos.

E outras relações que levam ao real sacrifício...

No acasalamento, o macho da aranha-das-costas-vermelhas posiciona o abdômen próximo à boca da parceira, permitindo que ela o coma durante o ato sexual. Esse sacrifício ocorre em 65% dos acasalamentos da espécie.

Se até aqui você ficou assustado com o poder das fêmeas, veja o que um dos sapos da Amazônia é capaz de fazer: ele acasala com fêmeas que morreram acidentalmente por afogamento durante o sexo. A fêmea morre afogada devido ao peso do parceiro e, como uma forma de evitar a perda dos óvulos e preservar a espécie, o macho a mantém abraçada por horas, à espera da liberação dos óvulos na água para então fecundá-los.

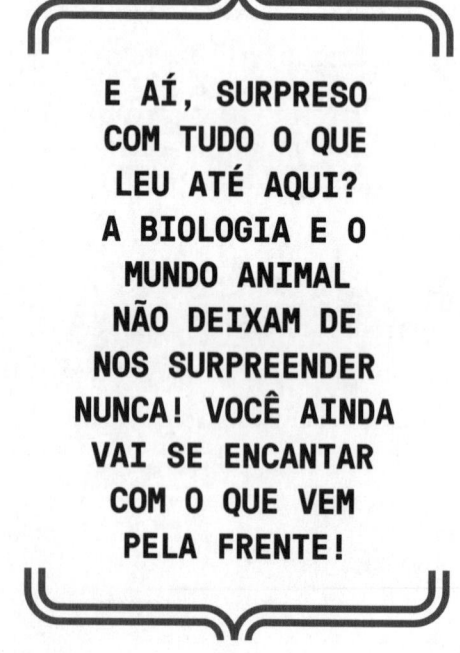

E AÍ, SURPRESO COM TUDO O QUE LEU ATÉ AQUI? A BIOLOGIA E O MUNDO ANIMAL NÃO DEIXAM DE NOS SURPREENDER NUNCA! VOCÊ AINDA VAI SE ENCANTAR COM O QUE VEM PELA FRENTE!

2

EU TENHO PREGUIÇA, E VOCÊ?

PREGUIÇA É BIOLÓGICA

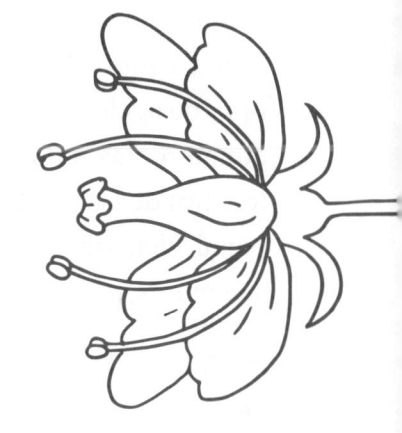

Você é o tipo de pessoa que fica com preguiça ao estudar para uma prova da escola ou simplesmente ao ler um livro? Segundo estudos de neurocientistas da Universidade de Oxford, a preguiça pode ser biológica e não simplesmente uma atitude.

Para seus estudos, os cientistas separaram um grupo de jovens motivados de outro grupo de jovens preguiçosos, e assim foram convidados para um jogo de ofertas que envolvia esforço físico e recompensas. Como esperado, as ofertas com pouco esforço físico e alta recompensa foram mais aceitas. Enquanto jogavam, os cérebros dos jovens foram analisados por meio de imagens de ressonância magnética, e uma descoberta surpreendeu a todos. O grupo de jovens considerados preguiçosos mostrava mais atividade cerebral quando tomava decisões do que o grupo considerado motivado. Os cientistas esperavam encontrar menos atividade cerebral nos preguiçosos, mas foi o contrário. Acredita-se que isso se deva ao fato de a estrutura cerebral dos preguiçosos ser menos eficiente e, por isso, acabar fazendo mais esforço. Assim, as pessoas preguiçosas se esforçam mais para tomar decisões, o que interfere no lado motivacional. Isso não explica a desmotivação em todos, mas nos ajuda a compreender como funcionam condições patológicas de extrema apatia, como o Alzheimer, ou situações de recuperação após certos tipos de acidentes vasculares cerebrais. A falta de motivação para atingir metas simples, como tomar uma medicação, é uma característica de alguns distúrbios cerebrais, mas pode variar dentro da população. Sabemos que algumas pessoas são mais motivadas do que outras, porém pouco se sabia da base biológica para isso.

A PREGUIÇA ESTIMULA O RACIOCÍNIO

Segundo pesquisa realizada pelo neurocientista Andrew Smart, pesquisador da Universidade de Nova York, a preguiça pode ser necessária para chegarmos ao máximo de nosso raciocínio e criatividade. Todos os dias corremos com atividades e estudos diários e é cultural que o preguiçoso seja malvisto pela sociedade. A pesquisa de Smart mostra que o cérebro necessita de pausas, ou seja, de momentos de ócio, e isso pode influenciar na saúde dos neurônios, que têm algumas regiões com mais atividade quando em repouso.

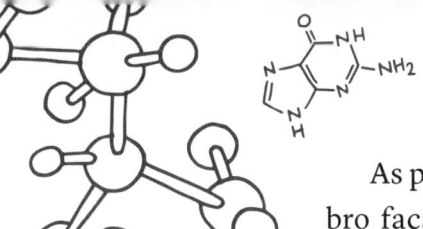

As pausas são necessárias para que o cérebro faça conexões que permitam o autoconhecimento e mais criatividade, pois formam um circuito chamado de rede neural em modo padrão, que atua como um piloto automático e cuja variação de energia gasta quando estamos nessa condição em relação a quando fazemos uma tarefa é de 5%, ou seja, nossa cabeça não desliga quando estamos no ócio. Em repouso, o nosso cérebro se conecta com quase todas as áreas, inclusive o subconsciente, assim podemos resgatar informações que ficaram ocultas ou obscuras por muito tempo.

Em algumas pessoas, existe um efeito negativo do ócio, pois ficam ansiosas por achar que não estão fazendo nada ou que estão perdendo tempo, pois se acostumaram a se encher de atividades, e, por outro lado, são pessoas que não conseguem alcançar seu subconsciente com facilidade.

Desde os tempos mais antigos, a cultura de não fazer nada é vista como algo ruim, pois isso estimula as pessoas a raciocinarem e questionarem. Assim, segundo o cientista Andrew, existem ciclos naturais de atenção e desatenção e os profissionais ou estudantes deveriam usar seu piloto automático de vez em quando, pois assim teríamos nossa criatividade máxima e mais tempo para conhecer quem somos de verdade. Não entenda, entretanto, "preguiça" como apenas dormir, ficar o dia inteiro assistindo a séries ou filmes ou se manter envolvido nas redes sociais, pois a atividade neuronal é diferente durante o sono e seu cérebro não repousa quando está à toa nas redes sociais, podendo prejudicar ainda mais os processos cognitivos.

MIGRAÇÃO POR PREGUIÇA

A migração de chineses para a Austrália, historicamente, foi econômica. Contudo, um estudo feito por Karin Maeder, pesquisadora na Universidade de Nova Gales do Sul (UNSW), universidade localizada em Sydney, na Austrália, comprovou que a ida da maioria dos chineses para a Oceania não foi impulsionada apenas pelo desejo de ganhar dinheiro. Os resultados, baseados em 117 questionários e em conversas com cidadãos chineses de Nanquim e Xangai, mostraram que, além dos motivos econômicos, a migração ocorre por interesses sociais e ambientais. O estilo de vida australiano mais ocioso que o dos chineses inspira uma vida mais tranquila, livre e tolerante. Segundo relatos, os chineses retiraram informações sobre os australianos pela internet, por livros e pelos amigos. Disseram ainda que o clima quente aumenta a impressão de o país ser um lugar confortável para se viver e que o modo de vida tranquilo ou preguiçoso percebido dos australianos era desejável.

A EVOLUÇÃO DA PREGUIÇA

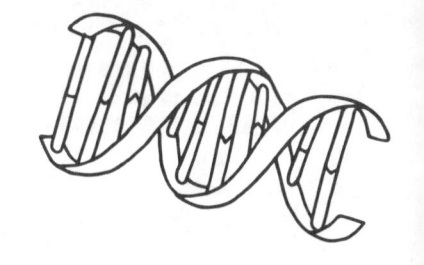

As atividades físicas trazem benefícios à saúde, e isso todo mundo sabe; ainda assim, a maioria das pessoas prefere ignorar o fato e ficar quieta em seu canto. Muitos começam um exercício físico e não conseguem manter uma rotina diária. A explicação para isso pode estar na nossa evolução.

Segundo o professor Daniel Lieberman, pesquisador da Universidade de Harvard, nos Estados Unidos, os nossos ancestrais sempre procuraram poupar energia para caçar presas e procurar abrigos. O fato é que no ambiente moderno não precisamos mais caçar e temos comida em abundância; entretanto, o nosso corpo continua com o maquinário genético para poupar energia e estocar o máximo que pode, principalmente na forma de gordura.

O pesquisador acredita que nosso corpo está realmente predisposto à preguiça. O incentivo à atividade física de nossos ancestrais era a procura de comida e o atual deve ser a nossa saúde, uma vez que as doenças cardíacas e crônicas, como diabetes e hipertensão arterial, bem como a obesidade e suas consequências, matam pessoas todos os anos. Agora, para combater a obesidade e as doenças que podem ser desencadeadas por ela, o exercício deve ser mais atraente do que o sofá. Lieberman afirma que, do ponto de vista da evolução, todos os animais são ativos a fim de procurar moradia, alimento e reprodução, e os seres humanos não são diferentes, uma vez que os músculos e a estrutura óssea são preparados para resistência em longas distâncias, assim como para jogar uma lança ou qualquer outro objeto. Entretanto, no ambiente moderno, esses atributos são muitas vezes dispensados,

NOSSO CORPO ESTÁ REALMENTE PREDISPOSTO À PREGUIÇA

tendo em vista calorias de fácil acesso. O desafio da humanidade hoje é tornar a atividade física mais atraente do que a preguiça, e isso pode começar em casa, na escola ou no ambiente de trabalho.

POR QUE COMER DÁ PREGUIÇA VONTADE DE DORMIR?

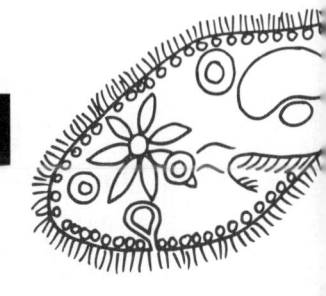

Quem não gosta de tirar uma soneca logo após o almoço ou depois de comer qualquer coisa que atire a primeira pedra! O velho ditado "comer dá sono e dormir dá fome" faz todo sentido no que diz respeito à biologia.

A verdade é que há duas explicações para isso. A primeira, segundo a nutricionista Vanderli Marchiori, está relacionada à oxigenação do cérebro, isto é, após comermos, a irrigação de sangue para o estômago e o intestino se intensifica para que o processo digestivo seja realizado e, assim, a oxigenação e o fluxo sanguíneo para o cérebro diminuem, o que nos dá aquela sensação de moleza e vontade quase incontrolável de dormir. Já a segunda, conforme aponta um grupo de cientistas ingleses, é que logo depois de comermos e enviarmos uma dose de glicose necessária ao cérebro, os sinais de alerta emitidos pelas células nervosas e que nos mantém acordados param de ser emitidos, já que não precisamos mais buscar alimentos e, portanto, podemos dormir. Quando acaba o estoque de açúcar e a fome vem, os sinais voltam a ser emitidos para que fiquemos acordados e saiamos à procura de comida... Logo, faz sentido dizer que comer dá sono e dormir dá fome!

A PREGUIÇA ENTRE OS OUTROS ANIMAIS

Se você pensa que somente o bicho-preguiça e os gatos são capazes de sentir preguiça entre os outros animais, excluindo-se os humanos, está redondamente enganado. Como muitas pessoas, há também animais que conseguem dormir mais de quinze horas direto sem acordar sequer para ir ao banheiro:

COALA: uma das espécies mais preguiçosas do mundo, típica da Austrália, é capaz de passar vinte horas do dia dormindo. O restante do dia é reservado para comer, ou seja, o coala basicamente come e dorme o dia todo.

MACACO-CORUJA OU MACACO-DA-NOITE: típico da Mata Atlântica, esse é um dos únicos macacos com hábitos noturnos e, para conseguirem sair à noite, esses bichos, que chegam a viver cerca de vinte anos, tiram sonecas de até dezessete horas durante o dia.

PANDA-GIGANTE: um dos animais mais famosos da China e um dos mais queridos do mundo, o panda-gigante é conhecido por passar boa parte do dia dormindo, o que pode ser justificado pela imensa quantidade de bambu consumida por ele, que chega a 14 kg diários. Normal um soninho após tanta comilança, não é mesmo?

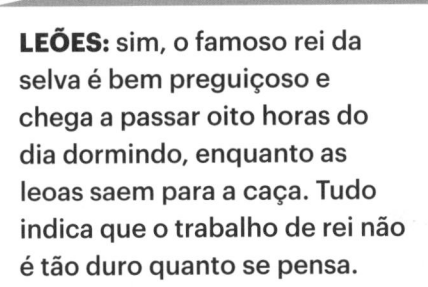

LEÕES: sim, o famoso rei da selva é bem preguiçoso e chega a passar oito horas do dia dormindo, enquanto as leoas saem para a caça. Tudo indica que o trabalho de rei não é tão duro quanto se pensa.

GATOS: os parentes mais próximos do leão chegam a dormir de doze a dezesseis horas por dia enquanto jovens. Ao ficarem mais velhos, essa soneca pode chegar a vinte horas diárias. Mas por que dormem tanto? Tudo indica que eles têm a fisiologia de um predador, com estrutura para a caça noturna.

QUEM É MAIS PREGUIÇOSO
O HOMEM OU A MULHER?

Quando diz respeito à atividade física, as mulheres ganham a medalha de ouro no quesito preguiça. Uma pesquisa feita com a população mundial revelou que **34% dos homens** se exercitam contra **28% das mulheres**. No Brasil, as mulheres continuam entre as mais preguiçosas, ou seja, os homens continuam levando a melhor no quesito atividade física.

Já quando entramos em outras áreas, como cuidados domésticos, as mulheres ficam com 90% contra 40% dos homens. Portanto, o exercício físico da mulher deveria entrar na conta das atividades domésticas, assim o páreo ficaria mais justo.

O PAÍS MAIS PREGUIÇOSO DO MUNDO

Um estudo realizado pela Universidade de Stanford, nos Estados Unidos, mapeou os países do mundo em busca daquele mais ativo e do menos ativo. Para isso, utilizou o sistema de contagem de passos presente em muitos *smartphones*. Segundo a pesquisa, o número médio de passos dos seres humanos é 4.961 diários e, portanto, acima disso ficam os ativos e abaixo, os passivos. O título de mais ativo ficou com Hong Kong, com 6.880 passos por dia, já a Indonésia levou o título de país mais preguiçoso, com 3.513 passos diários.

O Brasil, infelizmente, ficou ao lado dos mais preguiçosos, junto dos Estados Unidos e dos Emirados Árabes Unidos, com uma média de 4 mil passos por dia. China, Japão e Espanha figuram entre os mais ativos, com cerca de 6 mil passos diários.

Para os pesquisadores, muita coisa pode ser discutida a partir desses dados, uma vez que estão diretamente relacionados à qualidade de vida do pedestre: isto é, as cidades que apresentam melhores condições para caminhada têm uma população mais ativa e com menos problemas relacionados à obesidade. Já as cidades mais preguiçosas figuram entre as que apresentam condições menos favoráveis ao pedestre e, consequentemente, mais problemas de saúde relacionados à falta de atividade física e ao aumento de peso corporal.

Outro ponto que chamou atenção da Universidade de Stanford é a relação entre gênero e atividade física. Nos países mais ativos, como China e Japão, homens e mulheres se exercitam de maneira igual, enquanto que nos países mais preguiçosos, como Estados Unidos e Arábia Saudita, as mulheres são menos ativas que os homens, o que justifica o fato de elas apresentarem mais problemas de obesidade quando comparadas aos homens.

O BRASIL, INFELIZMENTE, FICOU AO LADO DOS MAIS PREGUIÇOSOS, JUNTO DOS ESTADOS UNIDOS E DOS EMIRADOS ÁRABES UNIDOS, COM UMA MÉDIA DE 4 MIL PASSOS POR DIA. CHINA, JAPÃO E ESPANHA FIGURAM ENTRE OS MAIS ATIVOS, COM CERCA DE 6 MIL PASSOS DIÁRIOS.

PREGUIÇA E INTELIGÊNCIA

Não é novidade para você que a atividade física traz muitos benefícios para o corpo. O que talvez surpreenda seja um poderoso efeito do exercício físico: a melhora do desempenho cerebral.

Como assim? Quer dizer que vencer a preguiça e ir para a academia pode aprimorar meu cérebro?

Sim! A prática de exercícios físicos melhora a concentração, a memória e o aprendizado. Pessoas que fazem exercícios físicos com regularidade produzem uma intensa atividade numa região cerebral chamada hipocampo, que pode ser observada em estudos com ressonância magnética. O hipocampo tem relação com memória e aprendizagem e, nessa região, também são encontradas as células-tronco, que darão origem a novos neurônios.

Henriette van Praag, renomada cientista no campo da neurogênese, afirma que o exercício pode alterar a própria estrutura cerebral ao estimular o nascimento e o desenvolvimento de neurônios. Além disso, aumenta a capacidade do cérebro de se adaptar e criar novas conexões (neuroplasticidade).

Ricardo Arida, professor e pesquisador do Departamento de Fisiologia da Unifesp, explica ainda que a atividade física aumenta a produção e a liberação de neurotransmissores – esses compostos participam da regulação de funções como memória, aprendizado, emoções, sede, sono, fome, bem-estar, ansiedade e humor –, isso resulta no reequilíbrio da quantidade dessas substâncias no cérebro, compensando quantidades baixas ou altas, e, assim, melhorando o desempenho do órgão.

Corroborando com essa correlação, inúmeros estudos têm mostrado que o exercício físico aumenta os níveis de uma proteína conhecida como fator neurotrófico cerebral derivado, ou BDNF, no organismo. Seja por testes realizados com humanos ou outros animais, com indivíduos jovens ou mais velhos, com atletas ou sedentários, pesquisadores de diferentes países chegaram a uma conclusão comum: a comprovação muito forte de que a atividade física aumenta os níveis dessa proteína relacionada a saúde, surgimento, crescimento e especialização das células nervosas e, sem dúvida, melhora a saúde cognitiva.

Mas, a partir de que momento a atividade física tem repercussão intelectual positiva?

Pesquisas nacionais e internacionais sugerem que o exercício na fase de desenvolvimento do cérebro favorece a formação de uma rede neuronal mais densa e oferece mais apoio para funções como memória e aprendizagem, logo crianças também podem se beneficiar intelectualmente da atividade física. E agora, quando você vai começar a praticar atividade física? Abandonar o sedentarismo pode ser uma das suas armas para melhorar seu desempenho e, consequentemente, obter melhores resultados escolares.

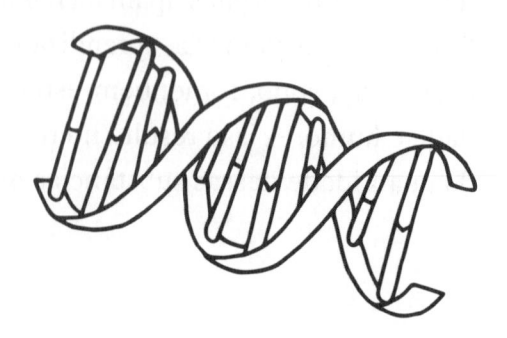

A PREGUIÇA
E A ASTROLOGIA

Alguns não acreditam e acham que astrologia não passa de invenção e produto da imaginação. Outros acreditam e seguem fielmente o que os astros dizem. O fato é que, acreditando ou não, a astrologia acaba fazendo parte de diversas culturas e muito se discute sobre sua origem. Uns dizem que apareceu na Suméria, no século IV a.C., outros afirmam que tenha aparecido bem antes, na Mesopotâmia, entre os rios Tigre e Eufrates e, mais recentemente, estudos têm afirmado que a astrologia surgiu na civilização do Vale do Indo, ou de Harappa. Apesar de sua origem incerta, todas essas civilizações têm em comum a observação dos movimentos do Sol, da Lua e das constelações.

E foi assim, da observação do movimento do Sol e da Lua pelas constelações, que surgiu o zodíaco. E de lá para cá, para a alegria de bastante gente, estudos foram realizados para tentar explicar o que, muitas vezes, parece não ter explicação, por exemplo, a personalidade de pessoas que nascem no mesmo mês.

Falando em personalidade, quais signos, segundo a astrologia, são os mais preguiçosos do zodíaco?

O primeiro lugar vai para Touro. Se você, assim como eu, ficou surpreso ao ver este signo no topo da lista, não se assuste. Há uma justificativa que o faz liderar o posto de preguiçoso, uma vez que, apesar de ser reconhecido por sua gana e dedicação ao trabalho e a tudo aquilo que se propõe fazer, os taurinos consideram a sua cama o melhor lugar do mundo e fogem para lá após cumprirem com a sua obrigação. Ou seja, depois que fazem o que se propuseram a fazer, pessoas do signo de Touro se autorrecompensam com um belo momento de descanso e não saem da cama de modo algum.

O segundo lugar vai para Câncer. Os nascidos sob este signo são famosos por se preocuparem demais com tudo. Na maioria das vezes, essa característica é vista de modo negativo, uma vez que ganham a fama de se tornarem vítimas do mundo. No entanto, não é bem assim, já que os cancerianos são o tipo de pessoa que quer ver o melhor dos outros, sempre, e é isso que os torna preocupados demais. Esse excesso de preocupação faz com que eles tenham certa atração por preferir programas que favoreçam o *fazer nada*, só para pensar na vida, no lugar de programas ativos, daí o segundo posto de mais preguiçoso.

O terceiro lugar, bastante concorrido, vai para os escorpianos, que valorizam curtir as coisas simples da vida. O *fazer nada*, para eles, é, com certeza, uma dessas coisas simples, levando-os assim à lista dos signos mais preguiçosos.

Acreditando ou não em astrologia, muita gente vai se identificar com as características desses preguiçosos. Se você é um deles, acaba de ter mais uma opção para justificar seus momentos de tranquilidade.

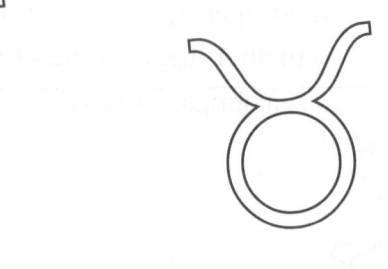

3

FOFOCA: DE ONDE VEM

E PARA ONDE VAI?

Fofoca é um substantivo feminino que significa bisbilhotice, mexerico. Fazer fofoca, portanto, é o mesmo que descobrir uma informação sobre alguém – bisbilhotar – para, em seguida, contar a outra pessoa – mexericar – essa informação.

Mas não é só isso. Segundo o historiador inglês Bernard Capp, da Universidade de Warwick, no Reino Unido, a fofoca é uma prática comum presente ao longo de toda a história da humanidade. E mais do que sair por aí espalhando uma informação sem checar sua veracidade, a fofoca também está relacionada ao ato de passar uma informação para a frente sem o consentimento de quem a contou originalmente. Isto é, sendo verdade ou não, sair por aí falando sobre a vida dos outros sem autorização já é fazer fofoca. Agora ficou difícil não se declarar fofoqueiro, não é?

E onde surgiu a fofoca?

Ainda segundo Bernard Capp, em 1570 já havia fofoca em registros da rainha inglesa Elizabeth I, que foi alvo intenso de boatos, os quais diziam que sua mãe teve um caso extraconjungal e foi morta por ordem de seu pai, Henrique VIII. Esse tipo de comentário, ainda de acordo com o pesquisador, era muito comum entre os ingleses.

De lá para cá, a fofoca passou a fazer parte da nossa vida e é comum associarmos essa prática à imagem das mulheres, que sempre acabam levando a fama de fofoqueiras, futriqueiras, mexeriqueiras, bisbilhoteiras e por aí vai. Mas será que essa fama é justa? É o que veremos!

QUEM É MAIS FOFOQUEIRO OS HOMENS OU AS MULHERES?

Contrariando todas as expectativas, uma pesquisa publicada pelo Social Issues Research Centre, SIRC, realizada em Londres com cerca de mil usuários de celulares, constatou-se que o teor das conversas de 33% dos homens era fofoca contra 26% entre as mulheres.

Apesar desses números, o que chama atenção nessa pesquisa é o assunto dessas conversas. Enquanto os homens passam boa parte do tempo falando sobre eles próprios e daqueles que estão ao seu redor, como mulheres, colegas de trabalho e gafes, as mulheres dedicam somente um terço do tempo para falar de si mesmas.

O detalhe mais interessante dessa pesquisa é que as mulheres, ao serem questionadas, assumem prontamente que fazem fofoca pelo telefone. Já os homens chamam de "troca de informações", uma vez que acreditam que "fazer fofoca" soa como algo banal. Pode ser que a fama de fofoqueiras que as mulheres carregam venha dessa sutil diferença de nomenclatura!

POR QUE, AFINAL, FOFOCAMOS?

Já sabemos que a fofoca existe desde tempos remotos, mas quando é que começamos a fofocar? E, mais, por que costumamos sair por aí espalhando informações nem sempre verdadeiras e/ou autorizadas?

Fofocar é um tipo de comportamento muito íntimo e encontrar sua origem não é tarefa tão fácil para os cientistas. No entanto, o que se pode afirmar é que a coceirinha na língua provocada ao ouvir "vou te contar um segredo, mas não conta para ninguém" é uma atitude que tem contribuído para a socialização humana durante a evolução, unindo ou sedimentando grupos sociais. Apesar de muitas vezes vir carregada com certa intenção maliciosa, a fofoca pode favorecer o aprendizado, a cooperação e a sociabilidade dos humanos.

VOU TE CONTAR UM SEGREDO, MAS NÃO CONTA PARA NINGUÉM

DE ONDE VEIO A FOFOCA?

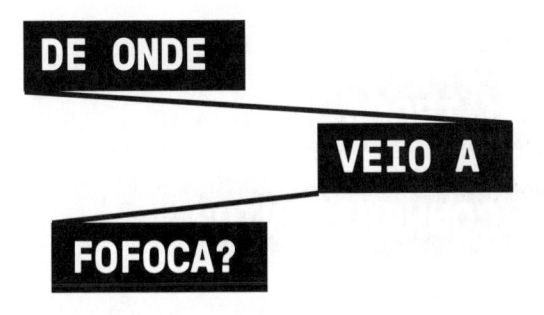

Embora seja um elemento consolidador dos grupos sociais, definir a origem da fofoca é tão difícil quanto afirmar a origem da linguagem, porque ambas são formas de comunicação que não deixaram rastros passíveis de estudo e comprovação científica.

Mesmo diante desse cenário desanimador, a cientista Kate Slocombe, da Universidade de York, na Grã-Bretanha, afirma que a fofoca só surgiu depois do aparecimento da linguagem. Óbvio? Sim! No entanto, os estudos de Slocombe constataram que os primeiros sinais de comunicação foram identificados entre os chimpanzés para depois serem constatados há 1,8 milhão de anos, no *Homo erectus*, que possuía um cérebro maior que o dos chimpanzés, sendo o primeiro humanoide a migrar da África para colonizar regiões da Ásia e da Europa, estabelecendo relações que conduziram à evolução de uma linguagem mais complexa.

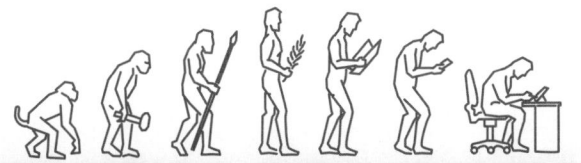

{ os primeiros sinais de comunicação foram identificados entre os chimpanzés para depois serem constatados no Homo erectus, há

1,8 MILHÃO DE ANOS }

FOFOCA OU TROCA DE CONHECIMENTO?

Outra teoria, no entanto, defendida pelo cientista Klaus Zuberbuehler, da Universidade de St. Andrews, na Grã-Bretanha, aponta um aspecto diferente da fofoca. Para ele, essa prática surgiu como uma necessidade de compartilhar o conhecimento para que os homens pudessem sobreviver, ou seja, para que conseguissem pescar e caçar com mais eficiência.

Para ele, a necessidade de trocar informações surgiu quando o ser humano começou a migrar para regiões mais abertas, como as savanas, por exemplo. Nessas regiões, era imprescindível que o ser humano aprimorasse suas capacidades de caça e pesca e, assim, para esse cientista, a fofoca não surgiu como uma prática maliciosa e maldosa de troca de informações, ao contrário, só apareceu conforme a necessidade da humanidade em melhorar suas habilidades e a cooperação em grupo.

Essa característica social e de apoio, típica da natureza humana, é observada ainda hoje, até mesmo em crianças, que sentem necessidade em compartilhar com seus amigos histórias de suas vidas, amigos e familiares.

O FOGO E A FOFOCA

Aparentemente não têm relação alguma, mas quando voltamos um pouco no tempo, à época da descoberta do fogo, algo pode começar a fazer sentido.

Apenas imagine como era a vida sem o fogo. Sem a possiblidade de se aquecer e de cozinhar alimentos. Já conseguiu se colocar nessa situação?

Acredito que você não pode nem pensar em uma vida assim, pois os indivíduos que viviam antes da descoberta do fogo também não tinham tranquilidade alguma, não conseguiam ficar quietos e se comunicar com calma.

Tudo mudou com o fogo e, claro, com a comunicação não seria diferente. Por isso certas teorias vêm estudando e tentando estabelecer provas e relações com o aparecimento da fofoca. Segundo essas teorias, com o fogo, homens e mulheres conseguiam se reunir à noite. Com calma e aquecidos, conversavam sobre assuntos mais corriqueiros e leves, sem a cobrança do dia a dia. Daí, então, surgiu a fofoca!

Parece fazer sentido, não? Ainda mais porque é difícil encontrar quem não se sinta bem em um ambiente aconchegante e com uma temperatura agradável, de preferência ao lado de amigos, para ficar contando e ouvindo histórias.

FOFOCA ACIMA DE TUDO!

Parece que a necessidade de desvendar a origem da fofoca é tão grande quanto a necessidade de fofocar, pois é teoria que não acaba mais! Agora é a vez da fofoca por ela mesma. E o que isso quer dizer? Quer dizer que, em alguns momentos, a fofoca – que pode ser carregada de verdades ou mentiras – passa a ser mais importante do que a verdade em si.

Foi o que constatou um grupo de pesquisas, no Instituto Max Planck de Biologia Evolutiva da Alemanha, liderado pelo cientista Ralf D. Sommerfeld, ao se dedicar a estudar os efeitos da fofoca de modo controlado entre 126 universitários. Esses estudantes, que não se conheciam, foram submetidos a um jogo que testava o nível de altruísmo de cada um. Explicando de maneira simplificada, cada jogador começava com uma quantia de dinheiro, a qual poderia diminuir ou aumentar a cada jogada e a cada atitude dos jogadores. Isto é, se todos respondessem "sim", todos ganhavam; mas se um deles dissesse "não", somente ele levava a quantia maior.

Tudo bem, mas onde entra a fofoca nesse jogo?

Para medir realmente o nível de altruísmo dos envolvidos, um observador foi infiltrado no jogo com a função de veicular informações – verdadeiras e falsas – para influenciar a jogada dos participantes. O interessante é que, mesmo quando sabiam a verdade, alguns jogadores eram influenciados pela fofoca para se autobeneficiarem, logo eram menos altruístas que os outros.

SE ESTÁ NA INTERNET É VERDADE?

E se estiver em inglês é mais verdade do que qualquer verdade absoluta de todos os tempos! Se for compartilhada, tiver muitos *likes* e mais um outro bom tanto de comentários, é a verdade incontestável que qualquer especialista não será capaz de reverter.

Deixando as brincadeiras de lado, a internet vem facilitando a troca de informações entre os seus usuários. O lado bom disso é que as pessoas estão lendo mais, expondo mais suas opiniões, além de estarem mais próximas de quem, fisicamente, está longe. Já o lado negativo é que nem sempre a qualidade das informações corresponde à quantidade de compartilhamentos e *likes* recebidos. E aí muito do que se encontra na internet é falso e pode não só desinformar, como causar danos a pessoas e instituições.

Então, como se proteger dessas fofocas?

Não há uma receita para isso, cada um acaba encontrando suas ferramentas, mas a orientação é sempre tentar checar as informações, buscar a fonte e procurar ler o maior número de informações sobre o mesmo assunto antes de sair por aí afirmando ser verdade absoluta algo que não passa de uma fofoca muitas vezes maldosa.

PARA O CIENTISTA KLAUS ZUBERBUEHLER, DA UNIVERSIDADE DE ST. ANDREWS, A FOFOCA SURGIU COMO UMA NECESSIDADE DE COMPARTILHAR O CONHECIMENTO PARA QUE OS HOMENS PUDESSEM SOBREVIVER, OU SEJA, PARA QUE CONSEGUISSEM PESCAR E CAÇAR COM MAIS EFICIÊNCIA.

AS REDES SOCIAIS CONTRA A FOFOCA

Diante de tantas notícias falsas espalhadas pela internet, logo após as eleições norte-americanas de 2016, os CEOs (diretores executivos) das maiores redes sociais começaram a desenvolver mecanismos que auxiliavam a checagem de informações postadas, além de oferecerem serviços que bloqueavam e até puniam os perfis que dessem início à propagação de falsas notícias.

Ao começarem esse movimento, muitas redes sociais e meios de comunicação foram acusados de censura; no entanto, não se trata de censura, uma vez que a veiculação de notícias falsas é um desserviço a todos.

QUEM CONTA UM CONTO AUMENTA UM PONTO!

Verdade seja dita, não há no mundo quem não goste de contar uma boa história. Sentar para conversar e bater um papo com os amigos é, para muitos, uma das melhores coisas da vida. Porém, há quem ache que algumas histórias ficariam mais interessantes se tivessem um toquezinho a mais, o que, na maioria das vezes, não está nem perto da realidade ou da verdade: é o famoso "quem conta um conto aumenta um ponto".

❧ E DE ONDE SERÁ QUE SURGIU ESSA PRÁTICA? ❦

Uma das principais características entre as mais remotas civilizações era a capacidade de comunicação. Essa necessidade de falar, transmitir notícias e conhecimentos é inerente ao ser humano e nos acompanha desde muito antes de nascermos. E aí tem os homens das cavernas, que se comunicavam por meio de desenhos nas cavernas, as pinturas rupestres; os egípcios, que deixavam registros em hieróglifos nos sarcófagos; os incas, maias e astecas, que criaram seu próprio tipo de comunicação.

Mas é na Grécia Antiga que o hábito de contar histórias ganhou mais força. A arte de contar histórias fazia parte da cultura daquela sociedade e ganhou fama na figura de Homero, que é estudado até hoje. Foram as famosas epopeias *Ilíada* e *Odisseia* que coroaram sua fama de escritor.

No entanto, naquela época não havia ainda registros de comunicação escrita, isto é, tudo se baseava na transmissão oral e muito se discute sobre o fato de Homero ser um único homem ou vários, afinal *Ilíada* e *Odisseia* foram, originalmente, contadas verbalmente para só depois serem escritas.

A discussão sobre esse assunto parece não ter fim, e entre os historiadores há diversos pontos de vista, cada um com a sua teoria. Porém, o que pode nos confortar é que essa necessidade de falar, contar feitos e o dom de querer deixar a história mais interessante é algo que nos acompanha desde sempre.

4

O MUNDO ANIMAL É

MAIS INTELIGENTE DO QUE VOCÊ IMAGINA

Durante muito tempo, acreditou-se que a inteligência era uma característica exclusiva dos seres humanos. Hoje, já se sabe que não é bem assim e que, na verdade, há diferentes tipos de inteligência, dentre as quais pode ser citada a inteligência dos outros animais. Lembre-se de que o ser humano faz parte do reino animal, mas o foco aqui será a inteligência dos animais não humanos. Portanto, quando nos referimos à linha que separa o ser humano dos outros animais, estamos falando da inteligência intelectual, isto é, da nossa capacidade de pensar, de raciocinar.

Pare para pensar um pouquinho no mundo dos outros animais. Ainda que esse seja um mundo completamente à parte do seu, esforce-se para imaginar um pouco a vida deles. Consigo imaginar que eles tenham uma vida bem diferente da nossa, principalmente os que não são domesticados. Sobreviver na selva exige, no mínimo, inteligência.

Mas, então, como será que é essa inteligência? Como eles vivem a tal ponto de podermos afirmar que são inteligentes?

Uma pesquisa publicada pelo cientista e psiquiatra Jon Lieff analisou o comportamento de diversos animais segundo as relações entre psiquiatria, neurologia e medicina. O resultado desse estudo não só fez cair por terra diversos dos nossos preconceitos com relação a eles, como também colaborou com avanços nos estudos sobre o envelhecimento do cérebro e doenças neurológicas que afetam os seres humanos. A explicação para isso é que, por meio da observação da vida de diversos animais, é possível encontrar respostas para muitas de nossas dúvidas sobre determinadas patologias cerebrais que tanto nos afligem. Veja então como vivem os animais pesquisados por Lieff:

ABELHAS: todo mundo já sabe, ou ao menos especula, o quanto as abelhas vivem de modo organizado e complexo se comparado a outros insetos. O que quase ninguém sabe é como e por que isso acontece. Tamanha organização vem da capacidade das abelhas de usarem conceitos básicos de simbolismo e conceitos abstratos para solucionarem problemas cotidianos. Outro fator que favorece esse estilo de vida é a memória caleidoscópica de cada flor visualizada em quilômetros, além de aprenderem com os mais velhos quais são as melhores flores. E o fator que talvez seja mais conhecido é o planejamento da construção e os reparos da colmeia que, além de complexos, garantem a segurança e a melhor disposição do mel produzido dentro desse ambiente.

POLVO: muito além dos tentáculos pegajosos, o polvo é capaz de espalhar informações culturais, imitar outros da mesma espécie e se comunicar por meio de cores, formas e lampejos. E não é só isso, esses quase "atores" do fundo do mar ainda têm uma inteligência espacial de causar inveja em qualquer humano e, com isso, têm avançadas técnicas de navegação, criatividade no momento da caça por alimento e capacidade de manipular objetos tão boa quanto a nossa.

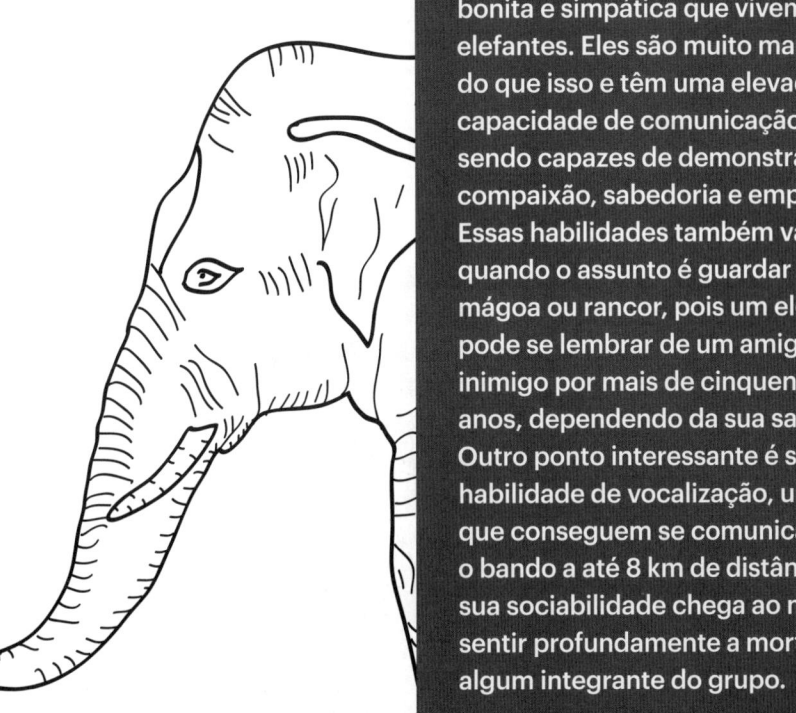

ELEFANTE: não é só de carinha bonita e simpática que vivem os elefantes. Eles são muito mais do que isso e têm uma elevada capacidade de comunicação social, sendo capazes de demonstrar compaixão, sabedoria e empatia. Essas habilidades também valem quando o assunto é guardar mágoa ou rancor, pois um elefante pode se lembrar de um amigo ou inimigo por mais de cinquenta anos, dependendo da sua saúde. Outro ponto interessante é sua habilidade de vocalização, uma vez que conseguem se comunicar com o bando a até 8 km de distância, e sua sociabilidade chega ao nível de sentir profundamente a morte de algum integrante do grupo.

FORMIGAS: que elas são ótimas no trabalho em equipe já não é segredo para mais ninguém. O que pode ser surpresa para muitos é o quanto elas são boas no trabalho individual também. Esses insetos são extremamente altruístas, ou seja, gostam de fazer o bem e, assim, um ajuda o outro dentro do formigueiro. As formigas mantêm relações com a família do mesmo modo que os mamíferos e, além disso, conseguem percorrer longas distâncias e memorizar o trajeto por muito e muito tempo.

GOLFINHOS: além de todo o amor que os golfinhos despertam nos humanos, eles têm "uma memória de elefante" – essa expressão agora faz mais sentido, não é? –, pois são capazes de se lembrar dos sons emitidos por seus companheiros de grupo por até vinte anos, sendo capazes de reconhecê-los mesmo quando ficam separados por muito tempo. Outro fato interessante sobre os golfinhos é o contato que estabelecem com o ser humano. Tornam-se amigos fiéis, ajudando na pesca e na localização dos cardumes.

> **CORVO:** as aves figuram entre os animais mais inteligentes e, entre elas, se destaca a inteligência do corvo. Esse animal, um tanto quanto assustador e sério, tem uma brilhante consciência de si, além de ser capaz de contar e fazer analogias. O corvo é capaz de manusear ferramentas – até três por vez – com mais habilidade e segurança do que muitos primatas, podendo até fazer ganchos com arames para auxiliar na caçada por alimentos.

Diversas outras espécies poderiam nos causar espanto quanto às suas particularidades no quesito inteligência.

Nesse contexto, como se diferenciam ou se aproximam da inteligência do ser humano? Se essa pergunta despertou sua curiosidade... Vem comigo!

OS GATOS E OS HOMENS SÃO PARECIDOS?

Haters dirão que não. Porém, sinto decepcioná-los. Os gatos são mais parecidos com o ser humano do que podemos imaginar, a ponto de as nossas estruturas cerebrais mais primitivas serem relativamente as mesmas. Na verdade, pela semelhança entre os nossos cérebros, muitos estudos neurológicos são desenvolvidos com gatos. E o que nos torna diferentes então?

O neocórtex. Já ouviu falar?

Seu cérebro passou por um processo de evolução no que concerne à complexidade e suas capacidades. O neocórtex ou novo córtex, como o próprio nome sugere, é a porção anatomicamente mais complexa do córtex. Nos primatas e notadamente nos humanos, novas áreas funcionais responsáveis por habilidades específicas, como a memória, a fala e a linguagem, foram desenvolvidas. Logo, diferente dos gatos, possuímos memória associativa, com capacidade para fazer associações ao nos lembrarmos de determinada coisa, como salivar ao se lembrar de uma comida gostosa, ou sorrir ao se lembrar de uma história engraçada.

Em poucas palavras, os gatos só não falam e não têm memória associativa, pois no resto somos bem iguais. Não acredita?

Os gatos também têm – com exceção da fala – os sentidos bastante complexos: ouvem extremamente bem, podendo perceber até ondas ultrassônicas a quilômetros de distância; adaptam a visão para o dia e para a noite; têm o olfato aguçado, melhorando suas habilidades de caça; e o tato extremamente sensível, com capacidade para delimitar seu próprio espaço em qualquer ambiente.

Tanto quanto nós, são extremamente perceptivos, capazes de perceber toda e qualquer mudança de ambiente e clima. Quem nunca ouviu dizer que essa capacidade dos gatos beira o misticismo? Isso porque são extremamente vulneráveis a alterações na rotina. Embora conhecidamente independentes, demandam muita atenção de seus donos e, apesar de não terem memória associativa, têm excelente capacidade de memorização, sendo capazes de aprender por meio da observação e da experiência.

Diante disso, para os amantes desses pequenos felinos, aqueles que os têm como companheiros, saibam que podem estimular a inteligência e as habilidades deles. Como? Dedicando um tempo para brincar com eles diariamente, propiciando uma melhor comunicação e a mais convivência.

O TAMANHO DO CÉREBRO DEFINE A A INTELIGÊNCIA?

Por instinto, nossa resposta é "sim". Mas, ao pararmos um pouquinho para pensar, podemos supor que não. O tamanho do cérebro não define o nível de inteligência de qualquer ser vivo. Pense na gigantesca baleia-azul, com o seu humilde e modesto cérebro de 10 kg! Muito maior que o nosso, não é? Ainda seguindo essa lógica, os ratos seriam tão inteligentes quanto nós, uma vez que a proporção entre o corpo e o tamanho desse órgão é de 2%, exatamente igual à nossa, fator que explica porque a ciência usa os ratinhos para realizar experimentos que se adequam à vida humana.

No caso dos mamíferos, o que define nossa inteligência é a área ocupada pelo neocórtex. Lembra que já falamos dele? O neocórtex é a parte exterior do cérebro, que dá o aspecto enrugado a ele. Quanto mais rugas, maior a capacidade de processamento do cérebro. Apesar de termos a mesma proporção cerebral que os ratos, quando analisamos o neocórtex, percebemos que o cérebro dos ratos é quase liso, ou seja, diferimos nesse ponto.

O nosso cérebro pesa cerca de 1,5 kg, o que corresponde a 2% da massa corporal de um homem com 80 kg. Já a complexidade do cérebro de cada animal está ligada às dificuldades que passaram ou passam para que sua evolução aconteça. E, no nosso caso, a complexidade do cérebro começou a se desenvolver no mesmo instante em que começamos a conviver em sociedade.

Por essa proporção, podemos dividir os bichos entre os mais e os menos cerebrais.

TAMANHO DO CÉREBRO NÃO É DOCUMENTO?

CAMPEÕES

Galã
Com uma proporção de 4%, o cérebro do beija-flor-do-pescoço-vermelho é capaz de cortejar a fêmea, cuidar dos filhotes e ainda migrar sazonalmente, isto é, mudar de lugar conforme as estações do ano, recordando-se das flores mais ricas em pólen.

Convencido
O cérebro do chimpanzé pode pesar até cerca de 500 g e o peso de seu corpo pode chegar a 50 kg. Essa proporção de 1% permite que esse primata, assim como outros, consiga se reconhecer diante de um espelho, e não é só isso: ele é capaz de perceber o que os outros animais de seu grupo estão sentido ou pensando, o que o faz ter sentimentos de inveja, raiva e vergonha.

O mundo é dos espertos
Os cães chegam a ter um cérebro de 70 g para 10 kg de seu peso corporal. A proporção de 0,7% facilita sua capacidade de fazer associações. Isso explica a facilidade que alguns cães, como os policiais, têm para reconhecer diferentes tipos de drogas, sabendo que depois da descoberta virá a recompensa.

LANTERNINHAS

Sombra e água fresca

O hipopótamo, que chega a pesar até 3 t, tem um cérebro de apenas 500 g, ou seja, com proporção de 0,0017% de inteligência, que é destinada à organização da preguiça, por exemplo, o local e o modo como deve manter os pés para que sejam massageados por peixes: tamanho e inteligência esse gigante tem de sobra!

A gigante dos mares

O cérebro da baleia-azul tem 10 kg, mas, como já sabemos, tamanho não é documento, pois para sustentar seu corpo de cerca de 10 t, utiliza praticamente todo o seu cérebro e acaba não restando espaço para a inteligência, mesmo ela sendo bastante eficiente na comunicação com os indivíduos do seu grupo.

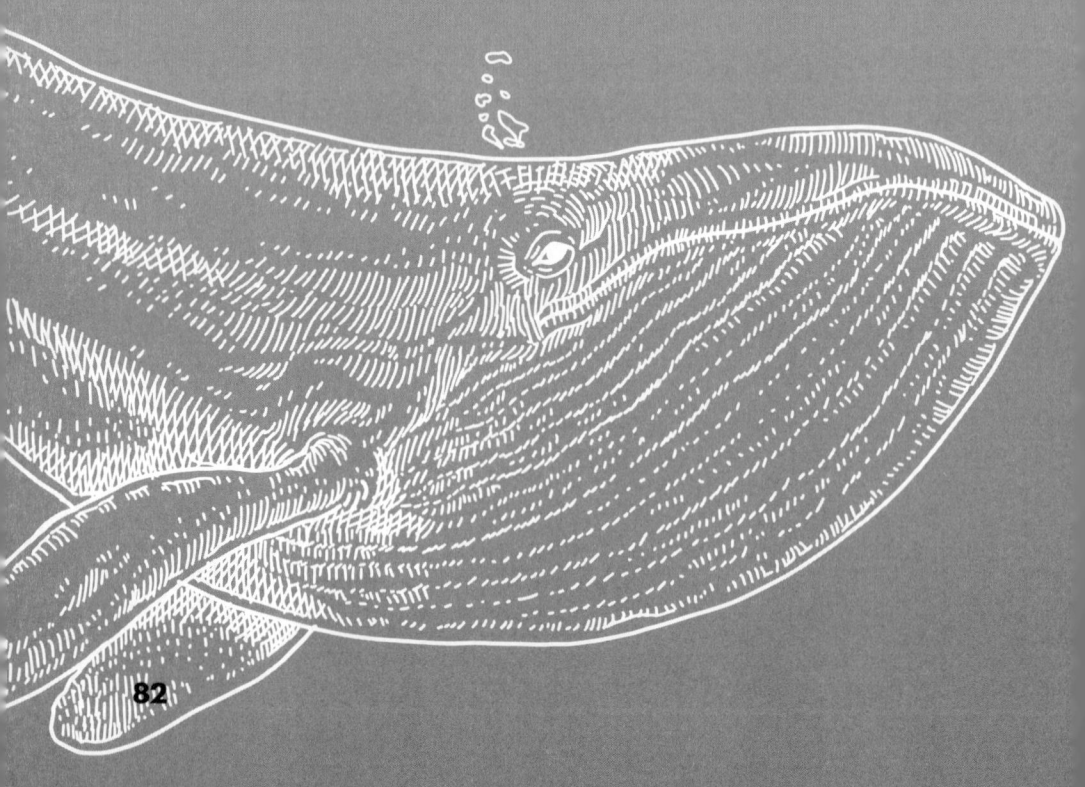

Cabeça de vento

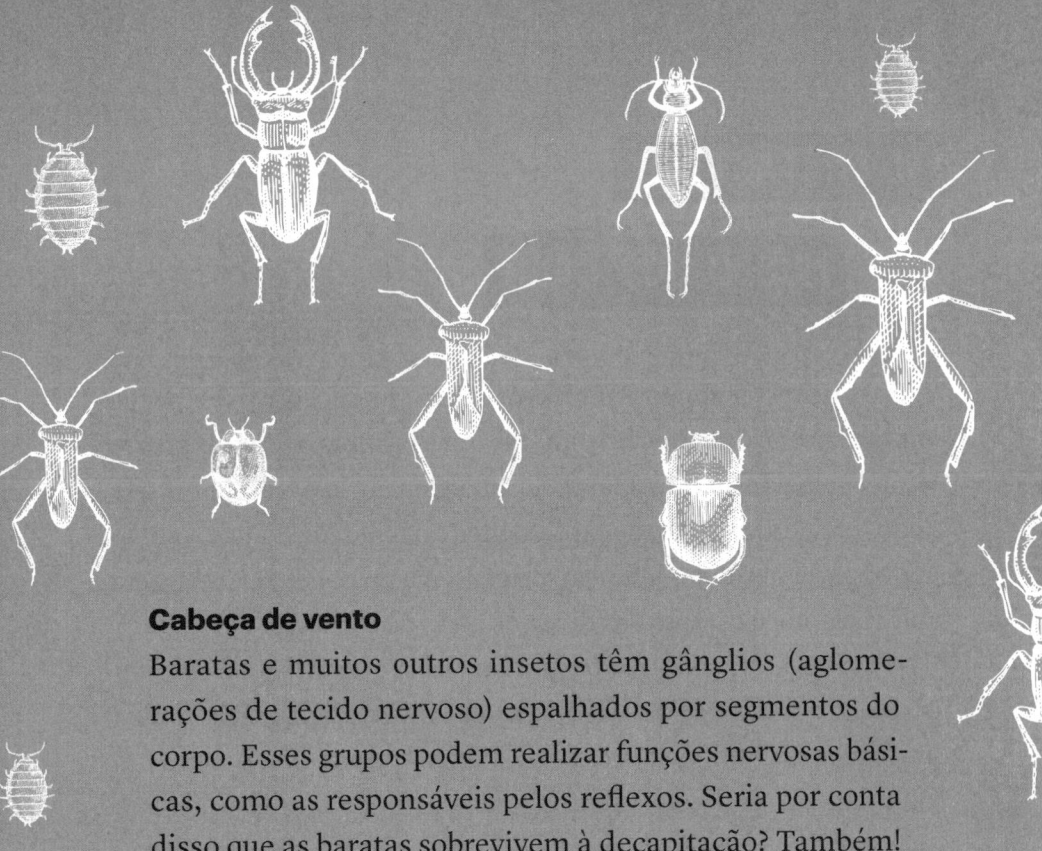

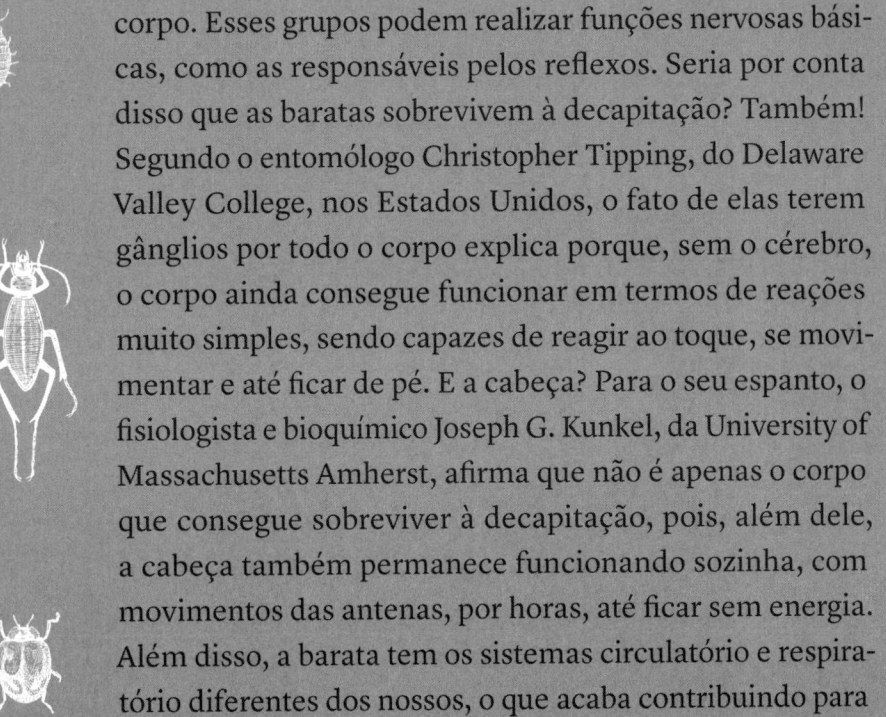

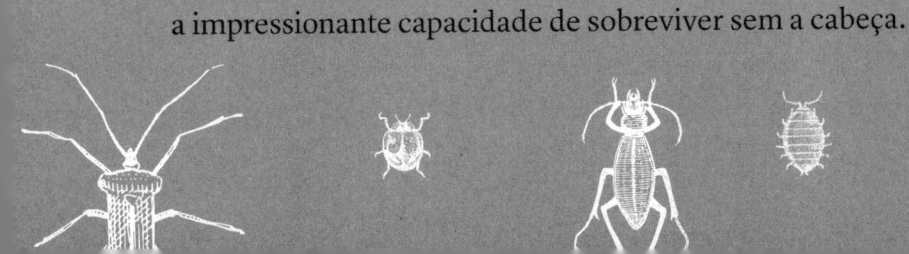

Baratas e muitos outros insetos têm gânglios (aglomerações de tecido nervoso) espalhados por segmentos do corpo. Esses grupos podem realizar funções nervosas básicas, como as responsáveis pelos reflexos. Seria por conta disso que as baratas sobrevivem à decapitação? Também! Segundo o entomólogo Christopher Tipping, do Delaware Valley College, nos Estados Unidos, o fato de elas terem gânglios por todo o corpo explica porque, sem o cérebro, o corpo ainda consegue funcionar em termos de reações muito simples, sendo capazes de reagir ao toque, se movimentar e até ficar de pé. E a cabeça? Para o seu espanto, o fisiologista e bioquímico Joseph G. Kunkel, da University of Massachusetts Amherst, afirma que não é apenas o corpo que consegue sobreviver à decapitação, pois, além dele, a cabeça também permanece funcionando sozinha, com movimentos das antenas, por horas, até ficar sem energia. Além disso, a barata tem os sistemas circulatório e respiratório diferentes dos nossos, o que acaba contribuindo para a impressionante capacidade de sobreviver sem a cabeça.

O FANTÁSTICO MUNDO DOS CÃES

O cão é o melhor amigo do homem. Quem tem cachorro não duvida disso e afirma, categoricamente, que o seu bichinho é o mais esperto e inteligente do mundo. Mas quão inteligentes são os cães? Será que todos eles têm as mesmas capacidades e habilidades? Por exemplo, todos podem exercer a função de cão-guia ou policial? Como será que funciona o cérebro das diversas raças de cachorro?

Essas e muitas outras perguntas fizeram com que o neuropsicólogo e professor de Psicologia na Universidade da Colúmbia Britânica, Dr. Stanley Coren, investigasse o mundo dos cães a fim de ranquear os níveis de inteligência canina. Para isso, fez um questionário minucioso e distribuiu entre juízes de provas caninas e adestradores americanos e canadenses. Mais de 200 pessoas responderam às perguntas de Coren. O resultado foi fantástico e acabou gerando o *ranking* de inteligência canina, originalmente publicado no livro *A inteligência dos cães*.

Segundo Coren, existem 3 tipos de inteligência canina: a inteligência de adaptação, a instintiva e a inteligência para trabalhar e obedecer. Das 3 inteligências, as 2 primeiras podem ser medidas pelo teste de QI (quociente de inteligência) canino e são diferentes de cachorro para cachorro, podendo variar até mesmo dentro de uma mesma raça. Já a terceira é uma questão de capacitação para trabalhos realizados, na maior parte das vezes por meio de uma seleção de raças feitas pelo ser humano. O fato de o pastor-alemão ser um bom policial, por exemplo, não é uma simples coincidência, mas, sim, o resultado de uma escolha feita pelo ser humano há muito tempo.

Assim, a pesquisa de Stanley considerou como mais inteligentes os cães que obedeceram imediatamente um primeiro comando com 5 ou menos repetições. Em 95% dos casos, na verdade, os cães mais inteligentes obedeceram ao comando na primeira vez, sem sequer uma única repetição. Esses cães foram classificados numa categoria de 1 a 10, sendo o primeiro o mais obediente, e assim sucessivamente:

1. **Border collie**
2. **Poodle**
3. **Pastor-alemão**
4. **Golden retriever**
5. **Doberman**
6. **Pastor de Shetland**
7. **Labrador retriever**
8. **Papillon**
9. **Rottweiler**
10. **Australian Cattle Dog**

Entretanto, para bom entendedor, essa pesquisa deixa claro que, mais uma vez, a inteligência dos cães é medida de acordo com as necessidades e adaptações do ser humano. Porém, isso não exclui os cães SRD (sem raça definida), os famosos vira-latas, que têm uma capacidade brilhante de se adaptar às mais diversas situações e sabem ser rebeldes, a ponto de levarem a vida do modo como bem entendem. São fantásticos, não são?

INTELIGÊNCIA ARTIFICIAL NO MUNDO ANIMAL

A inteligência artificial (AI) já é uma realidade e os estudos nessa área evoluem a cada dia, encontrando soluções para diagnósticos de doenças incuráveis e, até mesmo, na reprodução de movimentos humanos. Pensando um pouco nessa linha, a multinacional alemã Festo tem investido boa parte de seus estudos na inteligência artificial com inspiração animal. Mas o que isso quer dizer?

Quer dizer que essa empresa tem criado robôs com características animais. E já chegaram a alguns resultados, como:

> **Bionicants:** Nada mais são do que robôs inspirados na anatomia das formigas. Os algoritmos desses robôs são capazes de traduzir o comportamento cooperativo das formigas na tecnologia. Isto é, esses robôs são capazes de realizar individualmente suas tarefas, sem jamais perder o foco do coletivo, e, assim, agem em conjunto, comunicam-se, coordenam as atividades para que tudo ocorra da melhor forma possível. Os cientistas da Festo dão a esses robôs o título de "fábrica do futuro", pois harmonizam suas atividades individuais com o trabalho em equipe.

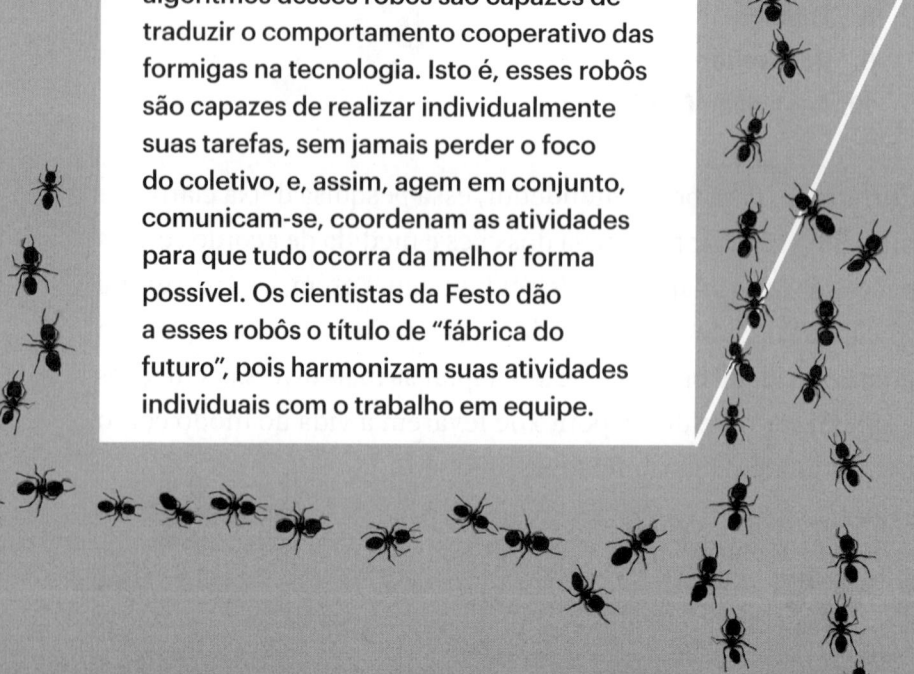

eMotion Butterflies: Esses robôs usam a capacidade das borboletas de pré-programar o voo e são capazes de corrigir um erro de percurso 160 vezes por segundo, fazendo com que voltem a voar em harmonia.

AquaPenguins: Assim como os pinguins reais, esses robôs têm a capacidade de se mover em todas as direções por meio da propulsão da asa, da cabeça e da cauda, o que lhes permite fazer manobras em espaços hidrográficos reduzidos. Além disso, esses robôs têm um sistema de sonar 3D igual ao dos golfinhos, o que garante a comunicação entre eles e com o ambiente externo, impedindo a colisão de uns com os outros.

Parece que realmente estamos caminhando para um mundo no qual a inteligência dos animais seja reconhecida e utilizada em conjunto com as capacidades já desenvolvidas pelo ser humano.

5

DIETAS MALUCAS:

O QUE A ALIMENTAÇÃO PODE FAZER POR VOCÊ

DIETAS BIZARRAS

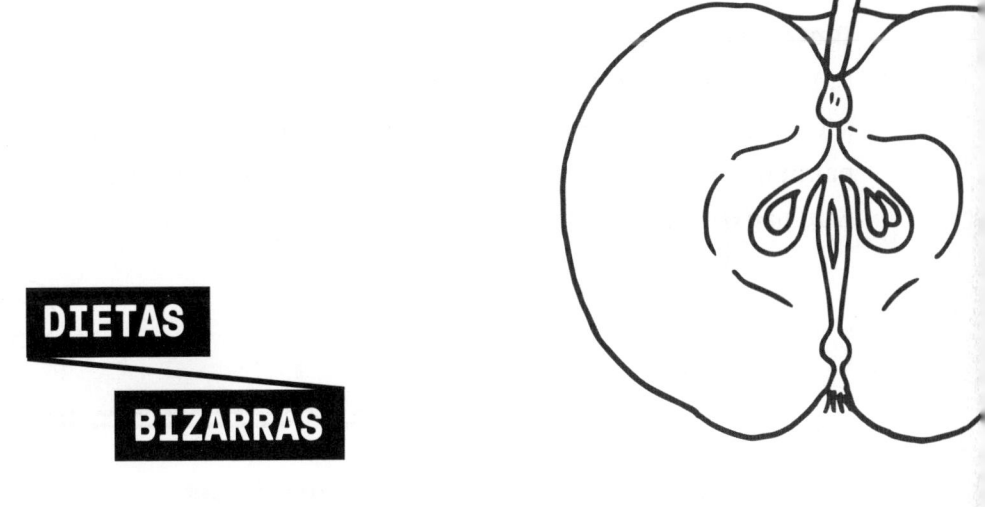

Claro que existem dietas e que, dependendo do caso de cada pessoa, podem ser prescritas por um profissional da saúde. Ao contrário dessas, muitas outras dietas ficaram famosas pela "bizarrice" e não são aconselhadas a ninguém.

Evitando os pântanos

Em 1727, Thomas Short publicou um tratado intitulado "As causas e efeitos da corpulência", no qual identificava que as pessoas que viviam próximas de pântanos tendiam a ficar acima do peso. Para emagrecer ou para se afastar da obesidade, Short recomendava uma dieta baseada na distância desses lugares: quanto mais longe do pântano, mais chance de ser ou ficar magro. Pode isso?

Dieta do vinagre

Em 1820, o poeta britânico Lord Byron popularizou a dieta do vinagre ao afirmar que passaria dias bebendo água e vinagre, além de seu chá com ovo cru. Resultado: o poeta mais influente do Romantismo acabou passando por dias de muito vômito e diarreia, o que o levou à perda de peso, obviamente.

Dieta do cigarro

Em 1925, quer você acredite ou não, o cigarro era associado à boa saúde. O tabaco era bastante veiculado pela publicidade, principalmente o fato de ele fazer com que a pessoa não sentisse fome. É ou não é uma dieta bizarra?

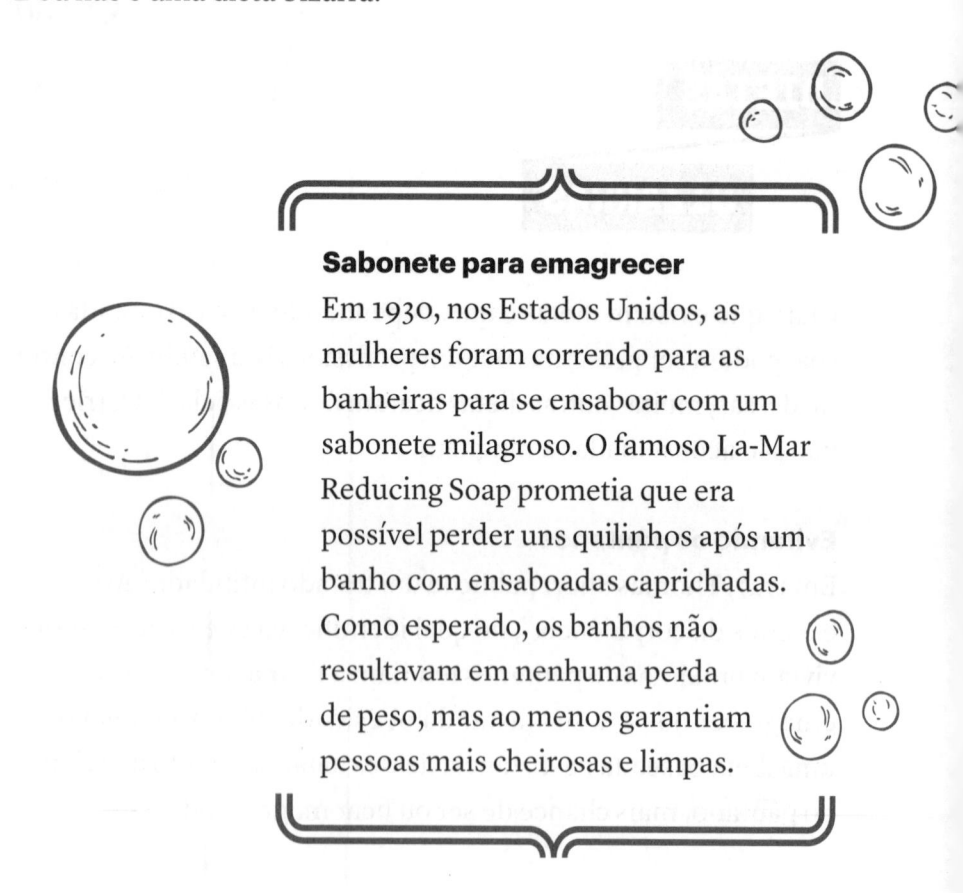

Sabonete para emagrecer

Em 1930, nos Estados Unidos, as mulheres foram correndo para as banheiras para se ensaboar com um sabonete milagroso. O famoso La-Mar Reducing Soap prometia que era possível perder uns quilinhos após um banho com ensaboadas caprichadas. Como esperado, os banhos não resultavam em nenhuma perda de peso, mas ao menos garantiam pessoas mais cheirosas e limpas.

Dieta da Bela Adormecida

É difícil comer e dormir ao mesmo tempo. Logo, dormir pode ser uma boa maneira de perder peso, certo? Bom, ao menos era o que pensavam algumas pessoas interessadas em emagrecer na década de 1960.

Essa dieta ficou muito conhecida, pois grandes artistas da época, como Elvis Presley, foram bastante fiéis a ela.

A dieta da visão

Muitos estudos relacionados a cores afirmam que o vermelho e o amarelo estimulam o apetite e, até por esse motivo, muitas redes de *fast-food* têm essas cores em suas logomarcas e lojas.

Pensando nisso, no auge dos anos 2000, uma marca de óculos japonesa lançou um modelo com lentes azuis, já que, segundo estudos, o azul inibe o apetite. Assim, quem usasse esses óculos estaria protegido das cores vermelha e amarela dos *fast-foods* ao andar pelas ruas e, portanto, conseguiria emagrecer ou, pelo menos, não engordar, mantendo o peso.

Olhando para essa lista, até que as dietas atuais parecem normais. Vamos aguardar o passar do tempo para ver o que os nossos sacrifícios pela perda de peso significarão.

POR QUE TEM GENTE QUE COME E NÃO ENGORDA?

Você já deve ter percebido que algumas pessoas não engordam de jeito algum, mesmo não fazendo qualquer tipo de atividade física ou dieta. Outras, por outro lado, não emagrecem de forma alguma, apesar de passarem os sete dias da semana dentro de uma academia e já terem tentado todas as dietas do mundo. Por que isso acontece?

A explicação para esse fenômeno do corpo humano é muito mais simples do que parece: é tudo uma questão de metabolismo, isto é, o modo como as nossas células funcionam muda de pessoa para pessoa. E aí, os que não engordam são aqueles que têm a sorte de ter um metabolismo mais acelerado do que os que engordam com facilidade.

Mas o que significa ter um metabolismo acelerado?

Significa consumir um número maior de calorias e gordura para produzir a energia necessária para nos manter vivos, ou seja, duas pessoas que realizam uma mesma atividade têm um gasto calórico diferente, assim como acontece com os carros: quanto mais rápido o motor, mais combustível é necessário para fazê-lo girar. Esse é um caso para agradecer à genética.

E o contrário? No caso dos mais lentos, uma alternativa é suar a camisa na academia, optar por uma alimentação mais saudável e recorrer à ingestão de alimentos reconhecidamente termogênicos, na tentativa de acelerar o metabolismo, como gengibre, pimenta-de-caiena, alho e chá-verde.

➡ **E você, como é seu metabolismo?** ⬅

MEU CORPO, MINHAS REGRAS

Hoje em dia, é muito comum ouvirmos por aí alguma fórmula mágica para se chegar ao corpo perfeito. Revistas femininas e masculinas trazem a cada edição um tutorial de como perder muitos quilos em poucos dias e, assim, atingir o ideal do corpo perfeito.

Mas antes mesmo de começarmos a questionar o que é essa tal perfeição para o nosso corpo, você já se perguntou o que tudo isso tem a ver com o nosso bem-estar e com a nossa saúde?

Pode até ser que muitos de nós já tenhamos parado para pensar nisso, mas com o volume de informações que acabam deturpando nossa autoimagem, fica um pouco difícil chegar a perguntas como: o corpo perfeito que disseram que eu tenho que ter é mesmo o corpo que eu preciso ter?

Não. Definitivamente, este não é o caso. Afinal, ninguém é obrigado a nada!

Mas por que existe essa busca incansável pelo corpo perfeito?

A verdade é que nem eu tenho essa resposta e nem é a minha intenção tentar encontrá-la. Porém, estabelecer um corpo como padrão acaba interferindo em aspectos relacionados à saúde e à qualidade de vida.

E é nesse ponto que a biologia começa a entrar na discussão: qual a relação entre esse modelo e a nossa alimentação? Será que deixamos de lado a preocupação com a nossa saúde para alcançarmos um corpo que não condiz com a nossa estrutura física? O que deixamos de lado quando nos preocupamos somente com a estética?

Adianto que acabamos deixando de lado muito mais coisas do que simplesmente o respeito aos limites do nosso corpo.

E aí, será que vale a pena? Afinal, o que a alimentação representa para o nosso corpo?

A ALIMENTAÇÃO NO BRASIL

Muito mais do que uma questão estética e relacionada a padrões corporais muitas vezes estabelecidos pela mídia, a alimentação é uma questão de saúde pública e, portanto, essencial à condição de sobrevivência. E, mais do que isso, a falta dela, a carência de nutrientes, influencia diretamente o desenvolvimento.

Por isso, a OMS (Organização Mundial da Saúde) estabelece inúmeros critérios que devem ser seguidos pela sociedade para que seja considerada saudável. Diante disso, o Brasil adota a Política Nacional de Alimentação e Nutrição, que define tanto os pontos negativos como os positivos nos hábitos alimentares dos brasileiros e, com isso, busca incentivar a população a ter uma vida mais saudável.

Você, ouso arriscar, certamente deve estar se perguntando em quais lugares acontece esse tipo de incentivo à alimentação saudável no Brasil, tamanha é a quantidade de problemas relacionados a isso no nosso país. Mas eles ocorrem e, de um modo ou de outro, acabam resultando em campanhas não tão saudáveis assim divulgadas pela imprensa – sobre isso falaremos mais adiante.

Então, onde essas práticas que incentivam a alimentação são encontradas?

Originalmente, essas orientações estão no Guia de Alimentação Saudável lançado pelo Ministério da Saúde, que você pode encontrar na internet, se quiser, mas a verdade é que as orientações que aparecem lá se tornaram tão usuais que você, com certeza, já conhece, só não sabia de onde vinham. Quer ver?

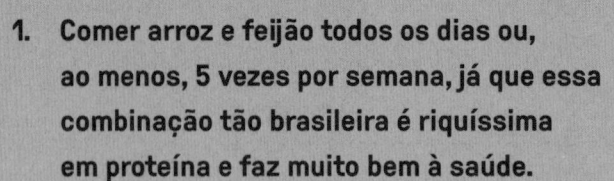

1. Comer arroz e feijão todos os dias ou, ao menos, 5 vezes por semana, já que essa combinação tão brasileira é riquíssima em proteína e faz muito bem à saúde.
2. Consumir diariamente 3 porções de leite ou derivados e 1 porção de carnes, peixes ou ovos.
3. Consumir, no máximo, 1 porção de óleos vegetais, azeite, margarina ou manteiga.
4. Evitar que refrigerantes, sucos industrializados, bolos, biscoitos doces e sobremesas em geral façam parte da sua alimentação diária.
5. Diminuir a quantidade de sal no preparo dos alimentos e tirar o saleiro da mesa.
6. Beber, pelo menos, 2 litros de água por dia.
7. Fazer pelo menos 3 refeições (café da manhã, almoço e jantar) e mais 2 lanches saudáveis por dia, e evitar pular qualquer uma das refeições.
8. Incluir na dieta ao menos 6 porções do grupo de cereais (arroz, milho, trigos, pães e massas) e tubérculos, como batatas e raízes, dando preferência aos grãos integrais e aos alimentos em sua forma mais natural.
9. Comer, diariamente, 3 porções de legumes e verduras como parte de suas refeições e, ao menos, 1 porção de frutas como sobremesa ou lanche entre as refeições.
10. Levar uma vida ativa, com ao menos trinta minutos de prática de atividade física diária.

> **MUITO MAIS DO QUE UMA QUESTÃO ESTÉTICA E RELACIONADA A PADRÕES CORPORAIS MUITAS VEZES ESTABELECIDOS PELA MÍDIA, A ALIMENTAÇÃO É UMA QUESTÃO DE SAÚDE PÚBLICA E, PORTANTO, ESSENCIAL À CONDIÇÃO DE SOBREVIVÊNCIA.**

Não disse que, mesmo sem ter acessado a lista original, ao se deparar com as orientações do Guia organizado pelo Ministério da Saúde, você se surpreenderia e reconheceria o passo a passo para uma vida saudável?

O que nos surpreende, no entanto, é que muitas das dietas tão conhecidas pela força e agilidade no quesito perda de peso caminham na contramão do que é considerado saudável pelo Ministério da Saúde. Evidentemente, essa lista deve ser analisada como um elemento básico para classificar a população como saudável, e, claro, muitas exceções acabam fazendo com que essa lista não seja seguida: seja por condições financeiras que impossibilitam as pessoas de se alimentarem, seja por questões de saúde e restrições alimentares ou, ainda, por opção.

E é essa última exceção que nos faz refletir: quando e como podemos nos privar de certos grupos alimentares e até que ponto isso interfere na nossa saúde e no nosso bem-estar?

VOCÊ É O QUE VOCÊ COME?

Por mais clichê que a frase "você é o que você come" possa parecer, sim, nós somos exatamente aquilo que comemos. E se engana quem costuma afirmar – ou brincar – que é uma gostosura manter uma alimentação rica em açúcares, gorduras e excesso de sódio e álcool. Infelizmente, nesse caso, a satisfação e a sensação de prazer que esses alimentos nos proporcionam não refletem positivamente em nossa saúde.

Ainda segundo pesquisas divulgadas pelo Ministério da Saúde, muitos alimentos ingeridos por nós, brasileiros, estão diretamente associados ao desenvolvimento de doenças como o câncer, problemas cardíacos, obesidade e outras doenças crônicas, como a diabetes.

Adivinha quais são esses alimentos?

A lista começa com os ricos em gordura, como as carnes vermelhas, passa pelas guloseimas cheias de açúcares, sem se esquecer de incluir os molhos, como maionese, e termina com bastante *glamour* com os industrializados de todos os tipos.

Isso significa que todos nós devemos parar de ingerir esses alimentos?

Não. De modo algum você precisa entrar nessa de se privar de todos esses alimentos, mas deve, sim, evitar consumi-los em excesso. E comer em excesso quer dizer se alimentar única e exclusivamente desse tipo de coisa. Lembra-se da premissa "tudo em excesso faz mal"? Ela é verdadeira. O que você, eu e todas as outras pessoas desse mundo precisamos é encontrar o equilíbrio entre uma alimentação saudável e um pouquinho de *junk food* de vez em quando.

E como encontrar esse equilíbrio?

Se fosse fácil, muita gente estaria sorrindo de orelha a orelha e a indústria das dietas, que "pipocam" a cada dia com receitas milagrosas para o corpo perfeito e para a vida feliz que tanto sonhamos em alcançar, não teria a força que tem.

Cabe a cada um de nós saber encontrar esse ponto que nos deixa em paz e feliz, com uma alimentação saudável que nos permite fazer extravagâncias gastronômicas esporadicamente, sem prejudicar a saúde.

No entanto, essa não é uma tarefa fácil, uma vez que somos bombardeados diariamente pela praticidade e pelo fácil acesso aos *fast-foods* e, por outro lado, pelas várias fórmulas mágicas de emagrecimento rápido. E você? Já tentou fazer alguma dieta milagrosa?

O MUNDO FANTÁSTICO DAS DIETAS

Que atire a primeira pedra o mortal que ousar dizer que nunca fez uma dieta! Caso você nunca tenha feito de fato, certamente conhece alguém que cedeu aos encantos de uma receitinha infalível para perder 20 kg em uma semana, para perder medidas da barriga que vieram ao nosso encontro nas últimas férias ou para substituir gordura por massa magra.

O fato é que a idealização da forma do corpo e quanto ele pesa pode desencadear a radicalização da alimentação e hábitos que,

POR MAIS CLICHÊ QUE A FRASE "VOCÊ É O QUE VOCÊ COME" POSSA PARECER, SIM, NÓS SOMOS EXATAMENTE AQUILO QUE COMEMOS.

na verdade, parecem mais sacrifícios. As dietas "radicais" e "milagrosas" ganharam grande espaço nos últimos anos e preocupam pelo grande número de adeptos, principalmente mulheres.

Infinitas são as fórmulas mágicas e dietas, e, mais infinitas ainda, as repercussões negativas que elas causam no nosso corpo quando feitas, sobretudo, por nossa conta própria e risco. Afinal...

➡ LIÇÃO NÚMERO 1 ⬅

Em se tratando de saúde, nem tudo o que funciona para você funciona para todas as outras pessoas. Por isso a dieta certa é a sua dieta e, de preferência, prescrita por um profissional apto para isso.

➡ LIÇÃO NÚMERO 2 ⬅

Dietas "da moda" são, na maioria das vezes, restritas, seja a um ou vários tipos de nutrientes. Dentre as inúmeras consequências disso, vamos brevemente citar complicações cardiovasculares, síncopes (desmaios), déficits nutricionais e redução do rendimento físico.

Vamos pontuar sucinta e superficialmente aquelas que chamaram atenção nos últimos tempos? Você já deve ter escutado ou lido sobre muitas delas.

LOW E HIGH CARB

Como a denominação sugere, essas dietas, muito famosas atualmente, são baseadas na proporção dos carboidratos utilizados na alimentação.

Low carb seria, nesse contexto, a dieta com baixas quantidade desse grupo alimentar e, ainda, com maior ingesta de gorduras boas e proteínas com alto valor biológico, buscando evitar o acúmulo de gordura e picos de insulina.

Em contrapartida, a *high carb* estabelece-se com alto consumo de carboidrato.

Ressalta-se que devem ser recomendadas e executadas apenas sob supervisão de um profissional, a fim de evitar os efeitos "colaterais" de dietas com restrição, como fraqueza, cansaço, falta de energia e sono.

JEJUM INTERMITENTE

Modalidade um tanto recente na rotina de muitas pessoas e na ciência, não sabemos ao certo seus efeitos (malefícios e eficácia) no corpo, seja a curto ou longo prazo.

Intercalar períodos de jejum e alimentação na busca do emagrecimento faz com que o organismo use os estoques de gordura na tentativa de perder massa gorda. Conhece-se como janelas de alimentação o período em que a alimentação é permitida.

E fora da janela, ingere-se alguma coisa? Sim. Líquidos não calóricos, a exemplo de café e chá sem açúcar e a própria água.

➡ COMO FAZER? ⬅

Existem muitas regras sobre como colocar em prática o jejum intermitente: a diferença entre elas é o número de horas exigidas de jejum; alguns exigem mais e outros menos tempo. Salienta-se mais uma vez que a opção de fazer essa dieta e como segui-la deve ser respaldada por orientação de um especialista. Sem essa orientação, assumem-se riscos inerentes, como desidratação, desnutrição, hipoglicemia e fraqueza muscular, por exemplo.

Jejum, o famoso e querido método de emagrecimento da geração moderna, já foi o estilo de vida de muitos antepassados nossos. Ainda que não por escolha, a prática do jejum alimentar era muito comum – e natural – na era paleolítica, também conhecida como idade da pedra lascada. Vivia-se de caça e o acesso a alimentos era restrito, diferentemente de hoje.

DISTÚRBIOS ALIMENTARES

Ouve-se muito falar sobre padrões estéticos e as mudanças que eles sofrem ao longo do tempo. Atualmente, vivemos a reverência ao corpo musculoso masculino e ao corpo esbelto e extremamente magro feminino. Visando o corpo ideal, vemos diariamente adeptos a rotinas baseadas em dietas radicais e atividade física vigorosa.

➡ E QUEM CULTUA ESSE CORPO? ⬅

A mídia acaba contribuindo para esse estereótipo e, consequentemente, para os problemas psicológicos, fisiológicos e sociais desencadeados pela incansável busca por corpo perfeito, ganho de massa muscular, boa forma e beleza.

➡ E O QUE ESSES PROBLEMAS TÊM EM COMUM? ⬅

São todos sérios, e estão relacionados à conjuntura sociocultural, acarretando graves consequências aos envolvidos e gerando um elevado custo com a saúde.

OBESIDADE

A obesidade é um problema de saúde pública e é fator de risco para muitas doenças, sendo o indivíduo obeso mais propício a desenvolver hipertensão, doenças cardiovasculares e diabetes tipo 2.

A doença é caracterizada pelo acúmulo excessivo de gordura corporal e, em adultos, um parâmetro comumente utilizado para a sua classificação é o IMC (Índice de Massa Corporal). O IMC é adotado pela OMS para o cálculo do peso ideal para cada pessoa. Para calcular o seu, basta dividir o valor do peso pelo valor da altura, sendo que esta tem que estar elevada ao quadrado. A equação é a seguinte: IMC = peso/(altura)^2. Não entendeu? Vamos lá... Um adulto de 1,80 m de altura, pesando 84 kg, tem um IMC de 25,9. Conseguiu calcular o seu?

A OMS considera o intervalo 18,5-24,9 normal. Valores entre 25,0 e 29,9 são entendidos como sobrepeso. Um IMC acima de 30, entretanto, já configura obesidade e, a partir daí, suas subclassificações (pela OMS e pela Federação Internacional de Cirurgia da Obesidade), chegando a super-superobesidade quando os valores ultrapassam o IMC de 60 kg/m^2.

$$IMC = \frac{PESO}{ALTURA^2}$$

DIABETES

Há dois tipos de diabetes, a *mellitus* e a *insipidus*. A diabetes *insipidus*, embora menos conhecida, é importante e, se tratada inadequadamente, causa sérias consequências ao enfermo. É um distúrbio relacionado ao ADH (hormônio antidiurético), seja na síntese, na secreção ou na ação deste hormônio. Já o mais conhecido tipo de diabetes, o *mellitus*, é uma doença autoimune e crônica que acomete parte significativa da população mundial. Estima-se um número em torno de 471 milhões de diabéticos em 2035.

Ela é mais expressiva em países em desenvolvimento, onde grande parte dessas pessoas vive, quase 80%, e onde tem aumentado o número de indivíduos mais jovens acometidos. Está relacionada ao metabolismo da glicose, com apresentações diferentes, sendo as mais conhecidas as diabetes tipo 1 e 2. A segunda (tipo 2) acomete cerca de 90% dos diabéticos e, em sua maioria, adultos, sendo possível sua manifestação em crianças também. Nesse tipo de diabetes, o componente genético é maior. O organismo, nesse caso, apresenta problema para controlar a glicemia, seja por não produzir insulina satisfatoriamente ou por não conseguir usar adequadamente a que é produzida, tendo a obesidade como um dos principais fatores desencadeantes. Pode ser tratada com a tríade exercício físico, alimentação balanceada e medicamentos, nos casos necessários.

E a diabetes tipo 1? É o caso de 5% a 10% dos indivíduos com diabetes, nos quais o sistema imunológico, de forma equivocada, ataca as células beta (responsáveis pela síntese de insulina) e as levam à falência. Diante disso, a liberação de insulina é pouca ou nenhuma. Se a glicose não é utilizada, ela se mantém na corrente sanguínea. Os doentes aqui são, em sua maioria, crianças e adolescentes, que têm o tratamento feito com aplicações de insulina para controlar a taxa de glicose no sangue.

DIABULIMIA

Esse mal, que tem no nome a junção de "diabetes" e "bulimia", é um transtorno alimentar em pacientes diabéticos tipo 1. Há um tipo peculiar e crescente de transtorno alimentar nessas pessoas, que deixam de usar ou então diminuem as doses de insulina, visando o emagrecimento.

ANOREXIA NERVOSA

A anorexia nervosa é o transtorno alimentar relacionado ao distúrbio da própria imagem – quando a pessoa está magra, mas se percebe gorda –; em estágios mais avançados, ainda que acentuadamente abaixo do peso e com ossos à vista, acha que está acima do peso e, induzida pela obsessão de emagrecer, busca perder ainda mais peso e medidas. Os doentes recusam a ingestão de alimentos pelo medo mórbido de engordar e não por falta de apetite.

A princípio, os sinais e sintomas da anorexia podem passar despercebidos por amigos e familiares, uma vez que o anoréxico simula a alimentação regular e esconde a perda de peso e medidas lançando mão de vestimentas grandes e largas. Além da privação alimentar, podem praticar atividade física de forma extenuante e atingir um IMC abaixo ou muito abaixo do normal, igual ou inferior a 17,5 kg/m².

Esse transtorno é observado com maior frequência no sexo feminino e comumente está relacionado à depressão, tendo a maior taxa de mortalidade ao ano entre todos os transtornos psiquiátricos, por motivos que vão desde à inanição ao suicídio.

BULIMIA

Da mesma forma que o anoréxico, o bulímico tem a obsessão pela magreza como essência e, na tentativa se ver livre da comida e quase como uma punição por não conseguir ficar sem ingeri-la, recorre a

NÃO EXISTE UM PADRÃO
DE BELEZA PELO SIMPLES
FATO DE NÃO EXISTIREM
PESSOAS FORA DO PADRÃO.
HÁ PESSOAS QUE,
COM SUAS DIFERENÇAS,
DEVEM TER A SAÚDE,
O EQUILÍBRIO E A
FELICIDADE COMO
METAS COMUNS DE VIDA.

métodos purgativos (indução de vômitos ou uso de laxantes e diuréticos) e não purgativos (jejum e excessiva atividade física).

As compulsões são periódicas, ou seja, momentos com ingestão de grandes quantidades de alimento em curto espaço de tempo e eliminação das calorias ingeridas com métodos compensatórios. Por insegurança, o bulímico cultua um padrão de beleza quase inatingível, o que o leva a frustração, ansiedade, baixa autoestima e depressão. A compulsão retorna sempre que percebe que não atingiu o peso esperado. Como na anorexia, ele tenta negar e esconder os sintomas por vergonha e apresenta tendência suicida.

ANEMIA

A anemia, em seu conceito e origem do latim, está relacionada clínica e laboratorialmente com níveis de hemoglobina abaixo do esperado para cada idade, e pode ser desencadeada por uma série de fatores e processos, como sangramento e hereditariedade. Dentre os tipos de anemia mais conhecidos, há o por déficit nutricional: deficiências de ferro, vitamina B12 ou ácido fólico.

ORTOREXIA

A ortorexia nervosa é uma desordem alimentar relativamente recente que tem como essência a obsessão pela alimentação saudável em busca não do corpo perfeito, mas da saúde ideal. Foi descrita pela primeira vez como uma preocupação patológica e excessiva com o estilo de vida que se leva e com o que se ingere, levando a dietas muito restritivas.

VIGOREXIA

Vigorexia ou dismorfia muscular é um transtorno psicológico que acomete com maior frequência o sexo masculino e, em grande número, os adolescentes. Estabelece-se como a prática exagerada de exercícios físicos, podendo muitas vezes estar relacionada à ingestão de anabolizantes e substâncias químicas para ganho de massa muscular.

Como vimos, muitos desses transtornos alimentares estão relacionados aos padrões de beleza impostos, de tal modo, pela sociedade.

A verdade é que nos tornamos reféns de uma mídia que manipula e estabelece padrões praticamente inalcançáveis de beleza. Muitas manipulações de imagens e vídeos, além de muita maquiagem, são utilizadas para nos fazer acreditar que o corpo perfeito, sem celulite, barriga ou cicatrizes, existe. E, ainda que alguém chegue próximo à tão desejada "perfeição", não significa que todos nós temos de ter o mesmo corpo.

Por outro lado, não devemos ser o tipo extremista que critica as pessoas que adotam um estilo de vida saudável, de forma equilibrada, com uma dieta balanceada e com a prática regular de atividade física. Para elas, não é sacrifício viver assim, mas uma forma de melhor viver.

Diante disso, não existe um padrão de beleza pelo simples fato de não existirem pessoas fora do padrão. Há pessoas que, com suas diferenças, devem ter a saúde, o equilíbrio e a felicidade como metas comuns de vida. Deveria ser comum dizermos a nós mesmos: "Eu sou baixo e não tenho músculos definidos, mas me cuido e sou feliz como eu sou"; "Eu sou alta e do tipo 'magrela', mas me alimento bem e não tenho problemas em ser assim"; "Eu gosto de manter meu corpo bronzeado e minha academia em dia... mas não sou superficial, só me sinto bem assim"; "Eu não tenho o corpo definido, faço apenas uma caminhada para me manter saudável"; "Não exagero na comida, mas tenho umas gordurinhas que não me incomodam"; "Nunca falto à academia, pois os exercícios me dão disposição e, além disso, gosto de ter um corpo mais definido".

➡ DEU PARA ENTENDER? O QUE É BONITO PARA VOCÊ? ⬅

Para mim, corpo bonito é aquele que temos dentro do nosso equilíbrio e, de diferentes formas e intensidades, devemos buscar uma vida saudável, lembrando que o objetivo maior é o bem-estar, que vai além do peso, do tamanho da nossa roupa e do biotipo dos nossos amigos ou daquele ator ou atriz em evidência.

Mas, falando em alimentação, nem só de engorda e emagrece vive a humanidade. Há outros fatores também relacionados à nossa sobrevivência, mais interessantes e mais importantes que a nossa estética. Afinal, você já parou para se perguntar se o nosso comportamento, a nossa memória e as nossas relações são influenciados pelas nossas escolhas alimentares?

OS ALIMENTOS E SEUS BENEFÍCIOS

Não é de hoje a fama da relação positiva entre uma boa alimentação e a saúde. Hipócrates, considerado "pai da medicina", há muito tempo dizia "que teu alimento seja teu remédio e que teu remédio seja teu alimento", e hoje, comprovado por estudos, a nutrição pode prevenir doenças e auxiliar em tratamentos.

Todos conhecemos a influência da nossa alimentação sobre a saúde e o bem-estar físico e psicológico, ou seja, sobre a qualidade de vida. O que talvez você e muitos não saibam é que nossos hábitos alimentares afetam o cérebro.

Existe relação entre a nutrição e o aprendizado? Se sim, qual é?

Segundo especialistas, a alimentação pode desenvolver o cérebro e suas capacidades, corrigir desvios de inteligência, preveni-los e aperfeiçoá-los. Dessa forma, pode-se melhorar a qualidade de ensino, adicionando nutrientes adequados ao desenvolvimento intelectual do indivíduo, destacando-se a importância das proteínas para o desenvolvimento cognitivo. Estudiosos afirmam que quando uma informação é recebida, proteínas e genes são ativados nos neurônios. Proteínas são produzidas e encaminhadas para as conexões estabelecidas entre neurônios. Essas proteínas reforçam e constroem novas sinapses, o que resulta na aprendizagem. Quando se forma uma nova memória, uma rede específica de neurônios é elaborada em diversas estruturas cerebrais, principalmente no hipocampo e, depois, a lembrança é gravada da mesma maneira no córtex, onde é definitivamente armazenada.

Mas nem todas as proteínas essenciais para isso são produzidas pelo nosso corpo. Por isso, temos que adquiri-las por meio da alimentação.

E somente as proteínas têm relação com a função cerebral?

Não. Muitos pesquisadores fazem alusões a diferentes nutrientes, e vamos destacar aqui somente alguns. O sistema neurológico precisa de gorduras boas para funcionar, já o consumo de gorduras *trans* e os aditivos químicos em excesso intoxicam os neurônios, comprometendo seu desempenho, o que pode causar problemas cognitivos, como demência, déficit de atenção, ansiedade e depressão.

O consumo de vitamina B6 presente, por exemplo, no feijão, na lentilha e em alimentos ricos em fibras, é importante para a produção de neurotransmissores responsáveis pela atenção e diminuição da excitabilidade e de ômega 3 para estimulação dos neurônios.

Sem falar nos benefícios ao cérebro vindos do consumo de alimentos antioxidantes e de cor avermelhada, bem como das proteínas presentes no leite e nos ovos.

Alimentos ricos em vitaminas B1 e B12 são boas fontes que alimentam o cérebro. Sua carência faz com que substâncias tóxicas que provocam lesões no sistema nervoso se acumulem.

E para você que se dedica aos estudos? É essencial escolher alimentos ricos em açúcares complexos, como as leguminosas, pão, arroz etc.

Percebemos então que há muitas pesquisas e muitos nutrientes com diferentes funções. O consenso disso? Além de tudo o que você já sabia sobre a boa nutrição, agora também sabe que ela atua na manutenção da memória, no equilíbrio de humor, na concentração e na aprendizagem.

E, se você chegou até aqui, também percebeu que os alimentos podem ser nossos melhores aliados na manutenção da saúde e do nosso bem-estar.

Leia-se "alimentação saudável" como dieta equilibrada ou balanceada, resumida basicamente por três princípios: variedade, moderação e equilíbrio. O equilíbrio na dieta é um dos motivos que permitiu ao homem ter uma vida mais longa.

Caso você queira ou precise perder peso ou medida, lembre-se de que a melhor combinação para isso é a reeducação alimentar com exercícios com o acompanhamento de especialistas e não apenas um ou outro. Lembre-se de que o desequilíbrio entre os grupos alimentares pode trazer consequências indesejadas e que, com as dietas da moda, a perda de peso acaba sendo passageira.

Seja prudente e responsável com o seu corpo, pois cada um de nós tem necessidades nutricionais e calóricas diferentes e cada caso deve ser analisado individualmente. Valorize o trabalho dos profissionais que estudaram para nos ajudar nas escolhas alimentares corretas para cada situação, seja o endocrinologista, o nutrólogo ou o nutricionista. Afinal, nosso corpo conta a nossa história e, quanto mais saúde e equilíbrio tivermos, mais histórias teremos para contar.

6

CIÊNCIA
×
FICÇÃO CIENTÍFICA

O QUE É
FICÇÃO CIENTÍFICA

Muitos autores e estudiosos se aventuraram na missão de tentar defini-la categoricamente, porém, o que chegou mais perto da definição completa do termo foi Rod Serling, criador da série *Twilight Zone*, com a icônica frase: "Fantasia é o impossível tornado provável. Ficção científica é o improvável tornado possível".

Como personagem principal ou coadjuvante, a ficção científica está presente em livros, séries e filmes. Dentre vários subgêneros e categorias da ficção científica, talvez você já tenha ouvido falar nesses dois: a ficção científica *soft* e a ficção científica *hard*. A *soft* é a chamada baixa ficção científica, que destaca os sentimentos e as relações humanas e deixa a ciência em segundo plano. Um exemplo é a lista de séries *Doctor Who* e *Star Trek*. A *hard*, por sua vez, é a alta ficção científica, comprometida com a exatidão científica, independente da área do conhecimento (matemática, física biotecnologia...). São exemplos de ficção científica *hard 2001: uma Odisseia no espaço* e *Solaris*.

E como a ficção científica e a ciência se relacionam?

Uma pode ser fonte de inspiração para a outra. Primordialmente, fatos como a revolução industrial e descobertas científicas serviram como base para a criação dos escritores. Apesar disso algumas questões da ficção científica se tornaram realidade.

2001: uma Odisseia no espaço, de 1968, é um dos casos que mostram que a ciência inspirou clássicos ao longo da história do cinema. Esse clássico do universo cinematográfico discute a evolução humana e levanta temas científicos e tecnológicos complexos, como a inteligência artificial, a exploração espacial e a vida extraterrestre. Esse filme, com roteiro de Stanley Kubrick, foi baseado na obra literária de Arthur C. Clarke.

Clarke, por sua vez, na "contramão" da história da ficção científica, juntamente a outros escritores, antecipou invenções e descobertas em seus livros durante muitos momentos. Isso pode ter sido influenciado pelo fato de que esses escritores de ficção científica eram graduados em alguma área da ciência. Clarke e Robert Heinlein eram formados em química e matemática, e Isaac Asimov, em bioquímica.

Arthur Clarke ganhou fama de guru em sua época por sua capacidade de antecipação. Em uma de suas criações, ele previu a criação de um sistema de comunicações por satélite que, 25 anos depois, realmente foi inventado, e ganhou, em sua homenagem, o nome Órbita Clarke. Nada mais justo, não é?

J. G. Ballard, escritor considerado um divisor de águas na ficção científica, chegou a declarar que o papel do escritor é inventar a realidade. E, analisando as obras dos grandes nomes da ficção científica, entendemos o porquê da sua colocação.

Para você que tem a tecnologia 3G ou ainda 4G em mãos, saiba que ela foi, de certo modo, imaginada em 1911. É isso mesmo!

Hugo Gernsback, considerado o pai da ficção científica moderna, imaginou, em 1911, um aparelho que descreveu em seu livro *Ralph 124C 41+*, pelo qual se podia comunicar com a pessoa, vendo sua imagem ao mesmo tempo. Dá ou não dá para pensarmos nos celulares 3G que conhecemos hoje?

Uma das coisas que percebemos até aqui é que tecnologias improváveis de existir em um dado momento podem estar no mercado um tempo depois. Consegue pensar em um exemplo? Os submarinos. E, nesse contexto, há idealizações da ficção científica que se tornaram realidade graças à biotecnologia. Um protótipo disso são os dispositivos que fazem diagnóstico médico instantâneo. Em *Star Trek* (1966), o personagem Dr. McCoy usa um dispositivo denominado Tricorder com a finalidade de examinar um paciente em segundos e diagnosticar patologias.

No cenário atual, alguns dispositivos já estão prestes a entrar no mercado com essa proposta de obter informações sobre o paciente para monitoramento da sua saúde e rastreamento de doenças. Em 2015, um trabalho publicou um dispositivo que, acoplado a um *smartphone*, é capaz de diagnosticar se a pessoa é portadora do HIV (Vírus da Imunodeficiência Humana) ou do *Treponema pallidum*, referentes à Aids e à sífilis, respectivamente. A técnica deste dispositivo é baseada no ELISA (Enzyme-Linked Immunosorbent Assay), um ensaio de imunoabsorção enzimática. Coloca-se uma gota de sangue, proveniente de uma furada no dedo do paciente, em um dispositivo de plástico e impulsiona-se uma alavanca. O resultado aparece em cerca de quinze minutos no *smartphone*.

Quer outros exemplos da ficção que a biotecnologia transformou em realidade? Temos a criação dos híbridos e o uso de micro e nanorrobôs em diversas áreas da medicina, como na neurologia, na oncologia, na cirurgia, com captação de imagens e direcionamento dos equipamentos, na desobstrução arterial e até na reprodução assistida, facilitando a chegada de um espermatozoide a um ovócito.

Estamos vivendo uma modernização contínua, com descobertas diárias e avanços tecnológicos, e essa tecnologia pode ser usada a serviço da educação. Mesmo não sendo direcionados à área educacional, os filmes comerciais podem ser recursos no processo de aprendizado, contribuindo para a assimilação dos fatos que estão sendo discutidos.

Então, o que acha de conversamos um pouco sobre filmes a que você provavelmente já assistiu e/ou ouviu falar? Vamos lá?

> "FANTASIA É O IMPOSSÍVEL TORNADO PROVÁVEL. FICÇÃO CIENTÍFICA É O IMPROVÁVEL TORNADO POSSÍVEL."
>
> ROD SERLING, CRIADOR DA SÉRIE TWILIGHT ZONE.

STAR WARS

Star Wars utiliza, sim, temas recorrentes da ficção científica, mas também faz uso de alguns elementos da fantasia, o que o faz ser classificado como um filme de fantasia científica ou *space opera*.

Antes de falarmos sobre *Star Wars*, vamos esclarecer quais são os elementos mais comuns utilizados em ficção científica:

- **Princípios científicos desconhecidos ou que desafiam as leis da física clássica, como viagens no tempo.**
- **Personagens robóticos, androides, mutantes, alienígenas ou, até mesmo, humanos que desafiam a evolução humana.**
- **Universos paralelos, outras dimensões e viagens entre a nossa realidade e esses lugares.**
- **Sistemas políticos, como: utopias, distopias e pós-apocalipses.**
- **Atividades paranormais, telecinese, telepatia e outras formas de controle da mente baseadas em princípios científicos ficcionais ou não.**
- **Tempo estabelecido no futuro ou em linhas do passado que contradizem fatos acontecidos no passado histórico.**
- **Cenários inspirados na crosta da Terra ou em outros planetas.**

Esses e muitos outros elementos são figurinhas carimbadas em qualquer filme, série ou livro de ficção científica.

O que muita gente não sabe, no entanto, é que por se basearem sempre em aspectos da realidade, essas produções devem respeitar determinados pontos da biologia, da física, da química, ou de outras disciplinas, como sociologia e antropologia.

Entretanto, seja por desconhecimento, distração ou intenção – por que não? –, algumas regras acabam sendo ignoradas e muito do que você já leu ou assistiu, provavelmente, nunca acontecerá na vida real.

Isso é ruim?

Não. De modo algum. Em muitos casos, a graça do filme está em saber que aquilo que se vê jamais aconteceria fora das telas.

Quanto mais conhecimento, melhor! Vamos, então, garantir suas risadas nas falhas ou nas artimanhas dos cineastas e escritores de ficção científica.

O QUE É POSSÍVEL E O QUE É IMPOSSÍVEL PARA A CIÊNCIA NAS PRODUÇÕES CINEMATOGRÁFICAS

Nem tudo o que aparece em *Star Wars* está correto ou é possível de acontecer – cientificamente falando –, mas isso não o torna menos fantástico e brilhante, afinal, não é todo filme que alcança o sucesso atemporal que a saga de George Lucas atingiu. E a adoração pelos filmes é tamanha que os fãs, mesmo sabendo que alguns escorregões físicos foram cometidos na elaboração do enredo, não se deixam abalar por isso e continuam amando e seguindo fielmente o poder da força.

- O planeta Tatooine, de Luke Skywalker e Anakin, não é compatível com a realidade. Ao menos quando comparado à Terra, Tatooine, que tem uma superfície toda coberta por areia, não seria capaz de conseguir manter condições ideais para a vida, como fornecimento de água, ar e alimentos, para seus habitantes, uma vez que apresenta estrutura e superfície muito simplistas.
- Ainda assim, recentemente cientistas e estudiosos publicaram um artigo pela NASA explicando que as mais novas descobertas dos planetas do sistema solar têm muitas semelhanças com os planetas retratados na saga; por exemplo, os planetas Kepler-10b e Kepler-8b, que se parecem muito com Mustafar, o inferno de lava onde Anakin e Obi-Wan travaram sua batalha decisiva.
- Esqueça todas aquelas enormes e barulhentas explosões. Como no espaço não há oxigênio, para a física é impossível que qualquer coisa pegue fogo, já que a presença desse gás é essencial para que a combustão aconteça.
- A comunicação entre humanos e extraterrestres é impossível de acontecer tão rapidamente, uma vez que, supondo que os seres de outros planetas realmente existam (vai saber?), certamente teriam uma língua e um sistema linguístico completamente diferentes do nosso, o que nos impossibilitaria de travar qualquer diálogo sem intermediação de um intérprete.
- Os *blasters* não podem existir, uma vez que *lasers* são invisíveis no espaço.

Esses pequenos escorregões, carinhosamente apelidados como licença poética, não são exclusividade da franquia *Star Wars*. Muitos outros filmes de ficção científica se permitem abrir pequenas exceções nas leis da física e da ciência em geral em favor da imaginação e do mundo dos sonhos.

Ao contrário do que muita gente pode pensar, esses deslizes não causam prejuízo algum, uma vez que, além de garantirem a leveza do enredo e a permissão para que as pessoas libertem a criatividade inspiradas nas histórias a que assistem, fazem também com que alguns grupos de cientistas mais apaixonados pela ficção científica realizem pesquisas relacionadas aos pontos que desafiam seu conhecimento.

Em outras palavras, todos saímos ganhando quando os diretores decidem desafiar o conhecimento humano, afinal batalhas interespaciais, dinossauros vivos em épocas pós-extinção e insetos monstruosos são coisas que só vemos nesses filmes.

> **OS FILMES COMERCIAIS PODEM SER RECURSOS NO PROCESSO DE APRENDIZADO, CONTRIBUINDO PARA A ASSIMILAÇÃO DOS FATOS QUE ESTÃO SENDO DISCUTIDOS.**

A FICÇÃO CIENTÍFICA
PODE NOS SURPREENDER
E NOS INTRIGAR
PELA SUA RELAÇÃO
TÃO PRÓXIMA COM
A REALIDADE NA
HISTÓRIA E AO LONGO
DA EVOLUÇÃO HUMANA.

Então por que não conhecer mais a fundo essas liberdades para aproveitarmos melhor esses clássicos?

O Super-homem, por exemplo, arriscou demais em *Superman IV: em busca da paz* (1987), ao levar sua amada ao espaço. Ela, mera humana, não sobreviveria a temperaturas de -250ºC, como é comum no espaço.

Caso o combustível da nave Enterprise, de *Star Trek*, fosse uma realidade para os humanos, teríamos encontrado a solução para o uso de recursos energéticos esgotáveis, já que a combinação de elétrons usada como combustível da nave é a mais limpa e energética de que se tem notícia. O problema é que essa explosão é tão potente que o homem ainda não consegue controlá-la e, assim, ela se espalharia por toda a nave e acabaria ferindo os ocupantes.

Caso parecido de impossibilidade é o que ocorre com a comunicação em *Perdido em Marte* (2015), em que um astronauta é enviado a uma missão em Marte e, depois de uma forte tempestade, é dado como morto, mas sobrevive e retoma o contato com os companheiros na Terra. Apesar dos avanços diários nesse meio, uma pessoa no espaço ainda não consegue se comunicar tão rapidamente com a Terra, uma vez que as vastas distâncias no espaço impedem essa agilidade mesmo com o uso de ondas luminosas ou partículas. Quem sabe ainda chegaremos lá, não é mesmo?

Como se pode ver, o que torna esses filmes interessantes é justamente essa liberdade de criação que transpõe as leis da física e o conhecimento humano.

Portanto, o nosso desejo é que esses roteiristas e diretores continuem cometendo esses deslizes e que não deixem de criar e de produzir os filmes que tanto nos agradam e incentivam nossa imaginação e a ampliação do conhecimento.

MATRIX: POR QUE ESSE FILME REPRESENTA UM AVANÇO EM FICÇÃO CIENTÍFICA?

Assim como todos os setores de conhecimento e criação, a ficção científica também evolui e, por mais estranho que possa parecer, o filme *Matrix*, de 1999, é um marco para este gênero cinematográfico.

Sob direção dos irmãos Wachowski, o filme foi quase um tiro no escuro dos estúdios Warner Bros., uma vez que um longa baseado no questionamento da humanidade não era exatamente o estilo que o público esperava. E, para ajudar, a fase não era das

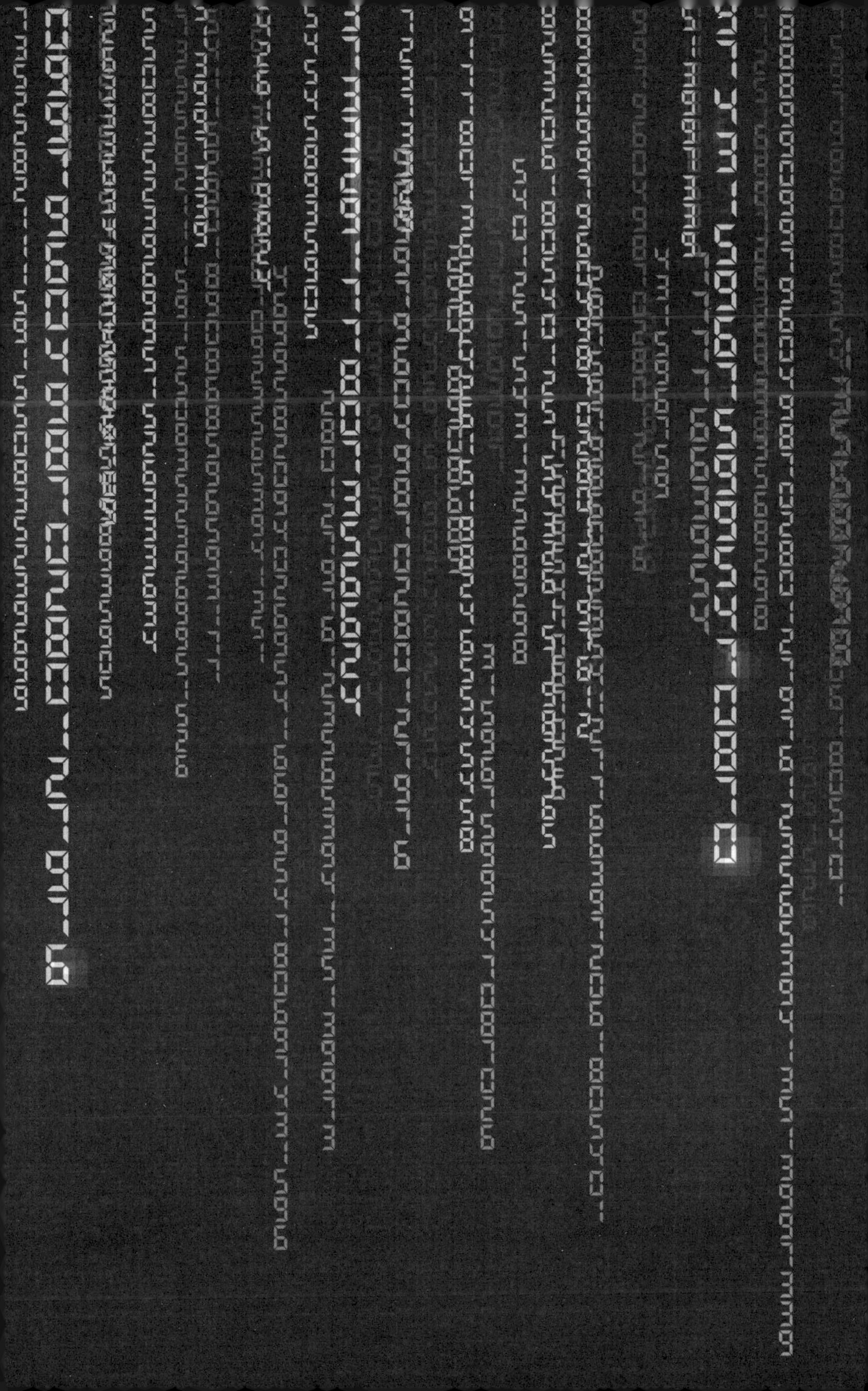

melhores para Keanu Reeves, protagonista do filme, pois havia sido indicado até a um Framboesa de Ouro – que premia os piores do cinema.

Mas então com tanta coisa contra o filme, o que o fez se tornar um marco?

Surpreendentemente, o que elevou *Matrix* a esse patamar foi a ousadia dos irmãos Wachowski de reinventar a ficção científica com referências em elementos de religião, literatura, história, ciência, física e biologia. O resultado é que essas referências casadas à vontade da dupla de criar uma *anime* estilo *Akira* e *Ghost in the Shell*, com personagens de carne e osso, e o desejo de antecipar o início do século XXI fizeram com que o filme se tornasse um sucesso de bilheteria, sendo ainda hoje, muitos anos depois do seu lançamento, referência tanto para novos filmes do gênero como para sátiras e piadas com os efeitos especiais contidos nas ações de Keanu Reeves.

Parece que até mesmo o que tende a ser moderno e ultrapasse as leis da física pode ser reinventado com as referências a coisas simples e comuns do nosso dia a dia. *Matrix* surpreendeu a todos por essa atmosfera simples e ousada de mesclar em um mesmo enredo referências ao budismo e ao cristianismo e, em seguida, aspectos filosóficos, como o mito da caverna, de Platão.

Tudo isso parece muito complicado para chamarmos de simples, mas essa foi a grande sacada dos irmãos Wachowski, uma vez que eles conseguiram fazer com que temas tão complexos como esse se tornassem acessíveis ao público habituado ao popular, sem deixar de agradar os intelectuais amantes de literatura ou os PhD em física quântica. Esse foi o grande trunfo do filme e, talvez, a grande lição para a indústria cinematográfica.

QUANDO A REALIDADE PARECE FICÇÃO

Depois de tanto falarmos sobre ela, percebemos que a ficção científica pode nos surpreender e nos intrigar pela sua relação tão próxima com a realidade na história e ao longo da evolução humana. E o contrário, quando a realidade se confunde e se assemelha à ficção? Isso pode ser mais comum e corriqueiro do que se imagina e, ainda assim, são surpreendentes as maravilhas e capacidades do corpo humano.

Tanto quanto os cineastas, a nossa estrutura é capaz de desafiar as leis da física e da biologia para realizarmos coisas extraordinárias, e sabe o que há de mais incrível nisso? Em muitos casos, a própria ciência não consegue explicar como somos capazes de realizar tais feitos.

Uma amostra disso é o esporte. Aqui colocamos nossas habilidades à prova da ciência e, vira e mexe, novos ícones surgem ultrapassando limites de velocidade, de resistência e de força. Usain Bolt, ex-velocista, parecia ter o corpo desenvolvido para correr, superando até mesmo a resistência do ar. O jamaicano rompeu todos os recordes do atletismo e superou todas as expectativas e previsões dos especialistas em velocidade. Em muitos momentos, o ídolo chegou a ser comparado ao super-herói The Flash, uma vez que muitos dos efeitos especiais presentes nos poderes desse herói chegaram a se confundir com as capacidades de Bolt. O mais surpreendente ainda é o sorriso estampado no rosto do grande mito humano que desafiou as leis da física.

Outro ponto desafiador relacionado à velocidade se encontra no automobilismo: carros que chegam a alcançar 250 km/h são pilotados por homens que aguentam não só o ponteiro elevado no velocímetro, mas também elevadas temperaturas e espaços reduzidos em seus *cockpits* (cabines). A paixão por velocidade e adrenalina faz com que os pilotos de Fórmula 1 e Stock Car arrisquem a própria vida ao entrarem nessas máquinas da velocidade.

Não dá para deixar de falar de um dos maiores nadadores do mundo, Michael Phelps, que, aos 10 anos de idade, já se destacava como nadador, quando quebrou o recorde de natação-mirim nos Estados Unidos. Com apenas 15 anos, em sua primeira participação em Olimpíadas, bateu recorde mundial, e tem no seu currículo o grande feito de conquistar oito medalhas de ouro em uma só Olimpíada. O norte-americano foi eleito o nadador do ano por 4 vezes em sua carreira. Superou a depressão para se tornar o maior vencedor olímpico, sendo chamado por muitos de Mito e Semideus, pois a história das piscinas dividiu-se entre "antes de Phelps" e "depois de Phelps". O nadador, apesar de parecer "anormal", foi gerado como qualquer pessoa, porém apresenta peculiaridades. Enquanto a maior parte dos nadadores, depois das competições, costuma apresentar uma média de 10 a 15 milimols de ácido láctico por litro de sangue, Phelps tem apenas 5,6. Isso permite que ele consiga disputar mais provas do que os outros nadadores em espaço de tempo menor. Anatomicamente, o corpo de Michael Phelps é único:

- **Tem tornozelos surpreendentemente flexíveis: 15 graus a mais do que a média.**
- **Suas pernas são mais curtas e leves que o normal.**

- **O músculo trapézio, localizado nas costas, é muito bem estruturado.**
- **A envergadura (distância entre os braços abertos) é de 2 m, valor maior que sua altura, pois ele tem 1,93 m. O mais comum é a altura ser superior à envergadura.**
- **Tem os pés número 48, tamanho semelhante às nadadeiras conhecidas por pé de pato, usadas por mergulhadores.**

Isso é o suficiente? Não. O alto desempenho do atleta era também relacionado à rotina de treino extenuante. Phelps treinava 2 vezes ao dia e nadava 80 km por semana. Para manter a carga imensa de treinamento, ele ingeria 12 mil calorias diárias, cerca de 9.500 a mais do que o recomendado para uma alimentação saudável pela Organização Mundial da Saúde.

SUPERATLETAS

A exemplo dos superatletas citados anteriormente, vimos que, entre os seres humanos, temos alguns que se destacam pelos seus feitos no esporte e, muitas vezes, acabam desafiando a própria ciência. Mais conhecidos como atletas, eles dedicam boa parte da vida para a prática de uma atividade física.

Como profissionais, enfrentam inúmeras dificuldades, muitas delas bem longe dos limites da capacidade do corpo humano, chegando rotineiramente à exaustão. Além disso, alguns (ou muitos) enfrentam, no início da carreira, dificuldades pelo baixo salário, não conseguindo muitas vezes sustentar seus custos; dificuldades também para encontrar um bom patrocinador e, mais do que isso, obter reconhecimento. Mesmo com tantos empecilhos, os atletas costumam realizar feitos maravilhosos e a rotina deles já é algo que merece destaque. A rotina de treinos é pesada e a dieta não costuma permitir brechas. São doutrinados a superar os próprios limites e a atingir continuamente recordes e medalhas.

Entre tantos esportes, ícones e referências, precisaríamos de um livro inteiro somente para citá-los. Como escolher Pelé no lugar do Maradona e Neymar em detrimento do Messi? É fato que questões pessoais e patriotas influenciariam, mas a verdade é que todos têm seu mérito e são (ou foram) grandes jogadores de futebol. Saindo do gramado, destacamos Ayrton Senna ou Schumacher? Cada um a sua época desafiou a velocidade e alcançou êxitos que marcam a memória dos amantes de velocidade, com tempos e feitos que jamais serão esquecidos.

E optar por Paula ou Hortência? Não vamos separar a famosa dupla do basquete brasileiro, que tanto nos encheu de orgulho e admiração.

E os nossos gigantes do paratletismo? Todos se destacam pela quebra diária de recordes ao se reinventar e ao encontrar diferentes formas de adaptação do seu grau de deficiência ao esporte. Não há uma condição mais adaptável que a outra, logo, todos desafiam seus limites, merecendo, como todo grande atleta, nosso respeito e aplausos.

Diante de tantos exemplos, devemos olhar para esses ícones e levar como moral da história: jamais deixar de acreditar no próprio corpo e na capacidade de vencer barreiras e dificuldades.

Como os atletas, devemos quebrar recordes e ultrapassar limites. Como os grandes escritores e estudiosos, devemos ir além e

ACREDITE NO SEU CORPO E NA SUA MENTE E SEJA AQUILO QUE VOCÊ QUISER SER!

desafiar a própria ciência, antecipando seus grandes feitos e descobertas. Por fim, como seres humanos, devemos sempre nos aprimorar.

Acredite no seu corpo e na sua mente e seja aquilo que você quiser ser!

7

O FANTÁSTICO MUNDO

DOS DESENHOS ANIMADOS

A vida no mundo dos desenhos animados parece maravilhosa: viver em um lugar onde tudo pode acontecer...

E se você acha que os desenhos animados têm limite de idade, se engana. Eles contam com públicos de adultos e adolescentes, além das crianças. É claro que, nesse caso, cada um com seu gosto e preferência.

Os desenhos mais populares têm em comum o uso de cores e músicas repetidas de fácil compreensão, transformando a fase de lazer das crianças em um período repleto de descobertas e estímulos ao cérebro, para despertar nelas a imaginação, a curiosidade e o aprendizado orgânico, enquanto estão na frente da tela, seja ela da televisão, do *tablet*, do celular ou do computador.

No topo da lista desses desenhos está *Galinha pintadinha*, que é roteirizado, dirigido e produzido em solo brasileiro. Tenho certeza de que você conhece ou já ouviu falar dele, não?

Não foi à toa que ele se tornou um grande fenômeno nos últimos anos com o público infantil, especialmente o pré-escolar.

Com histórias formuladas para a primeira infância, faz uso de narrativas simples, fáceis de acompanhar, e atividades musicais para que as crianças não fiquem apenas paradas em frente à TV, mas que também se divirtam. E, nessa diversão, passa para as crianças cantigas nacionais transmitidas de geração em geração.

A grande repercussão desse desenho no mundo infantil se dá pelo fato de que, além de entreter com um conteúdo rico e diverso, ele também estimula o movimento, ampliando a noção de espaço, o equilíbrio e a coordenação motora.

Quem nunca colocou esse famoso desenho como uma tentativa heroica de fazer seu irmão, primo ou sobrinho parar de chorar?

Mas será que passar horas em frente à televisão é a diversão certa para quem está em fase de desenvolvimento e aprendizagem? Quais são os reais efeitos desse hábito tão disseminado para o cérebro infantil?

Como tudo na vida, os extremos e abusos nunca fazem bem. Ficar na frente da televisão de forma exagerada pode danificar os neurônios em desenvolvimento, afetando o comportamento e a saúde mental das crianças.

Há um tempo, essas perguntas não tinham resposta, mas, atualmente, pesquisadores do mundo todo passaram a contraindicar o excesso de televisão ao perceberem uma predominância na atividade cerebral no hemisfério direito, aquele que processa a informação de maneira emocional, em crianças viciadas em TV, levando à aniquilação do espírito crítico e reduzindo a capacidade de aprender.

Como assim?

Vou explicar. Nosso cérebro é formado por 2 lados, ou hemisférios: direito e esquerdo. Eles são parecidos na forma externa, mas apresentam funções diferenciadas que devem ser estimuladas de forma proporcional.

O hemisfério esquerdo é responsável pelo raciocínio, pela razão, e se manifesta por meio da linguagem oral. Já o direito fica com as questões da emoção e da criatividade e se manifesta pela linguagem visual, pela imagem, pelo desenho.

Porém, seja por questões internas, como características próprias, estruturais, genéticas ou hereditárias, ou externas, que estão fora do nosso alcance, como falhas no estímulo, problemas de nutrição ou bloqueios emocionais, é possível haver um desequilíbrio na atividade neural dos dois hemisférios cerebrais, podendo um dos hemisférios tornar-se mais ativo que o outro.

Como o hemisfério direito é responsável, essencialmente, pelos sentimentos e emoções, crianças que apresentam esse lado do cérebro bem desenvolvido são muito espontâneas, emocionais e intuitivas, além de terem facilidade em aprender com estímulos visuais. E, por outro lado, **podem ter dificuldades em se adaptar ao ambiente tradicional de sala de aula.**

Tudo na vida precisa de equilíbrio e ponderação, e com as crianças não é diferente!

As séries animadas são lúdicas e podem, assim, estimular a socialização, o aspecto psicomotor, o raciocínio e a criatividade infantil. Com isso, as crianças têm suas habilidades motoras, a inteligência cognitiva e a comunicação ampliadas. Contudo, é necessário ter um equilíbrio entre o tempo destinado às telas e o tempo dedicado a atividades que exijam esforço, como construir, criar e encontrar soluções para obstáculos.

Com a extensa carga de trabalho dos pais, com a correria do dia a dia e diante dos gritos, do choro e da insistência dos pequeninos pelo mundo digital, sabe-se que não é tarefa fácil para os pais e responsáveis serem mais interessantes do que a TV.

Para driblar essa situação, psicólogos aconselham que os pais ofereçam alternativas que estimulem o cérebro das crianças. Isso vai, sem dúvida, ajudá-las na escola. Ainda que seja complicado e mais difícil acrescentar à rotina das crianças atividades extras, pode valer a pena. Brincadeiras em grupo, por exemplo, estimulam a criatividade.

DESENHOS ANIMADOS E SEU POTENCIAL PAPEL DE ENSINAR NOÇÕES SOCIAIS

Como vimos até aqui, as animações fazem parte da rotina em muitos lares e nos fazem refletir sobre questões socioculturais do nosso cotidiano.

É por essa razão que a escolha dos programas infantis deve ser repensada para que eles sejam um estímulo positivo no desenvolvimento dos pequenos.

Por mais engraçadinho e banal que possa parecer um desenho animado, há sempre uma mensagem que, na maioria das vezes, pretende tornar a vida no mundo real um pouco melhor do que é. E tudo isso só começou porque um dia alguém se permitiu sonhar e dar asas à imaginação para, em seguida, compartilhar boa parte desse sonho com o resto do mundo.

➡ E QUEM FOI ESSA PESSOA? ⬅

Se você chutou Walter Elias Disney, popularmente conhecido como Walt Disney, acertou! Esse homem, que nasceu em 1901, em Chicago, nos Estados Unidos, passou boa parte da sua infância numa fazenda. Segundo sua biografia, essa não foi uma das melhores fases da sua vida. O grande nome do entretenimento vinha de uma família tradicional e extremamente rigorosa, o que explica, talvez, alguns dos temas abordados em seus desenhos.

Como então Walt Disney encontrou espaço para a arte na sua vida?

Com uma forcinha do destino, aos 16 anos de idade, cansado de viver no campo e de ser repreendido pelo pai, o jovem decidiu se alistar para combater na Primeira Guerra Mundial. No entanto, por ser menor de idade e não ter liberação da família para partir com o intuito de defender seu país, não foi aceito. O destino, então, virou a vida do rapaz do avesso que decidiu mudar de cidade para estudar artes.

O caminho estava trilhado, e Walter Elias Disney começava sua caminhada para se tornar Walt Disney, o renomado produtor cinematográfico, cineasta, diretor, roteirista, dublador, animador, empreendedor, filantropo e cofundador da The Walt Disney Company.

Sua imaginação finalmente estava livre para fazer o que bem entendesse. Então, em 1937, ele produziu seu primeiro longa-metragem de animação.

Você consegue adivinhar qual foi a animação que lhe rendeu o reconhecimento e o crédito pelo pioneirismo no ramo das animações?

{ ## ➡ DICA NÚMERO 1 ⬅
a animação tem uma bruxa má, um príncipe encantado e uma princesa que passa por poucas e boas para só depois ser feliz para sempre. }

Assim fica difícil, né? Afinal, princesa, príncipe, bruxa má e maus bocados na vida da mocinha parecem fazer parte do enredo de boa parte dos filmes de Walt Disney...

> **➡ DICA NÚMERO 2 ⬅**
> a história também tem castelo, uma madrasta, uma floresta encantada e sete anões.

Agora, praticamente entreguei o filme sem dizer o nome.

Branca de Neve e os sete anões, exibido pela primeira vez em 1937, nos Estados Unidos, foi o longa que consagrou Walt Disney e abriu as portas da máxima *"where dreams come true"* ou, em bom português, "onde os sonhos se tornam realidade".

Depois disso, o mundo da imaginação abriu as portas para receber Walter Disney, e Mickey e Pato Donald ganharam vida e conquistaram o público. A lista de desenhos animados criados por Disney é imensa e, graças a eles, o diretor se tornou o homem que mais ganhou Oscars na história (22 na academia e 59 indicações). Também venceu 7 Emmy Awards e idealizou os grandes parques temáticos que mudariam a história do turismo e do entretenimento no mundo: a Disneylândia e o Walt Disney World Resorts.

Walt Disney transformou o entretenimento e a animação no cinema e, além disso, deu vida a muitos contos clássicos, como *Chapeuzinho vermelho*, *Cinderela*, *Os três porquinhos* e *A bela adormecida*. E a lista não acaba aí. *Bambi*, *Pinóquio*, *Mogli: o menino lobo*, *Dumbo*, *Peter Pan*, *Alice no país das maravilhas* constam entre as produções desse gênio da animação, considerado fanático por trabalho em sua época. Com essa lista, entendemos o porquê. Depois dele, muitos outros nomes e outras animações ganharam vida para nos distraírem e encantarem.

TUDO GANHA VIDA

Se há um conceito que não faz parte do mundo dos diretores e roteiristas de animação é LIMITE. Eles têm a liberdade a seu favor e podem fazer o que bem entenderem com o mundo real que transportam para a telona. Claro, sempre se espera que todos eles tenham em mente questões que não firam os direitos de todos e nem ofendam os espectadores com preconceitos e questões de moral e ética.

Essa liberdade é, sim, maravilhosa e todos nós agradecemos. No entanto, quando a imaginação não tem limite, muitas coisas podem ganhar leves toques de mentirinhas para parecerem mais interessantes e, até, para nos alegrarem e nos permitirem sonhar mais. E tudo aquilo que nos deixa mais felizes e nos permite sonhar nunca será ruim. Entretanto, é curioso também entender que certas coisas só podem acontecer no mundo dos desenhos e na nossa imaginação.

Você, certamente, já deve ter percebido algo de diferente e peculiar nos desenhos animados, não?

A começar pela *Branca de Neve e os setes anões*. A animação que consagrou Walt Disney brinca com a nossa imaginação o tempo todo, e uma série de coisas que acontecem ali jamais aconteceriam no mundo real. A bruxa má, por exemplo, não conseguiria se transformar em uma linda mulher só por ter feito a enteada cair num sono profundo e também não é possível um espelho refletir uma imagem diferente da nossa. E os passarinhos que ajudam a Branca de Neve a cozinhar e a arrumar a casa também, na vida real, não fazem trabalhos domésticos.

A bela adormecida é outro conto de fadas que molda um pouquinho a realidade, afinal ninguém dorme por cem anos e desperta lindamente feliz. Se a história saísse do papel para a realidade, morreríamos de fome, para falar o mínimo.

E assim como os passarinhos, na vida real, não cozinham, os peixes da *A pequena sereia* também não falam e o Sebastian, o caranguejo, também não dança. E sereias? Elas existem? E o Lobo Mau de *Os três porquinhos*? Jamais teria fôlego para derrubar casas de palha e madeira, já que a de alvenaria ele não conseguiu mesmo...

Você deve estar lendo isso tudo como coisas óbvias, não é?

Verdade, são óbvias, mas, e o restante? E as animações mais recentes? Será que tudo o que aparece naqueles mundos é mesmo verdade? Nada é de mentira ou exagerado? Vamos ver!

NO REINO ANIMAL

Outros animais que se tornaram personagens de muitos desenhos animados consagrados são bem diferentes daquilo que é exibido na tela do cinema.

A arara-azul de *Rio* (2011), mais conhecida como Blue, jamais poderia protagonizar esse desenho sem um par de sua espécie a seu lado. Isso porque uma das características da espécie é que elas sempre andam em grupos ou pares, nunca sós. Outro ponto é que os casais dessa espécie não costumam se separar e, fiéis, dividem as tarefas nos cuidados dos filhotes. Logo, apesar de aparentemente domesticada, Blue morreria de solidão por estar longe do seu bando.

Outro animal, ou melhor, outros animais que não poderiam sobreviver harmoniosamente no reino da selva ou da cidade é a turminha de *Madagascar* (2009). Em primeiro lugar, os 4 pinguins que vivem no Zoológico do Central Park, em Nova York, jamais resistiriam ao clima do local, uma vez que, aparentemente, não há qualquer tipo de climatização especial para mantê-los ali. Em segundo lugar, todos os animais que convivem numa política de amizade fiel no zoológico não passariam sequer cinco minutos juntos sem que um atacasse o outro, afinal, leões caçam zebras e girafas. E o hipopótamo? Bom, os hipopótamos são capazes de acabar com todos eles numa só sentada. É a natureza!

Existem esponjas quadradas? A resposta é "sim", no mundo de *Bob Esponja*; já na vida real é, com certeza, "não". As esponjas são poríferos e têm, naturalmente, diversos formatos simétricos e assimétricos, mas nunca apresentam forma quadrada com pernas e braços. E mais, os animais desse filo não se deslocam, não têm tecidos verdadeiros, nem sistema nervoso e locomotor.

Mas não é só a esponja quadrada que foge da realidade em *Bob Esponja*, não é? Sirigueijo, outro personagem da animação, não é um siri, mas um caranguejo. Na verdade, a confusão de seu nome se dá por uma questão de tradução, e não de biologia. Na hora de passar para o português, o caranguejo acabou ganhando siri no nome. Já as patas, essas sim são um erro biológico, pois a espécie real tem 5 pares de patas, enquanto Seu Sirigueijo tem somente 2 pares. Outro personagem que teve seu nome e seus pares de patas sutilmente equivocados é o Lula Molusco que, na verdade, é um polvo e não uma lula. O que acontece é que o polvo tem 8 tentáculos, já Lula Molusco tem apenas 3 pares e ainda se locomove como um bípede, isto é, anda sob duas pernas. A justificativa para essa decisão vem dos próprios criadores da animação, que chegaram à conclusão de que o personagem ficaria muito pesado e sobrecarregado com os 8 tentáculos.

Ainda no fundo do mar, a animação que conquistou o coração de adultos e crianças, *Procurando Nemo* (2003), também se permitiu dar asas a algumas questões biológicas. A começar pelos pais de Nemo, Marlin e Coral. Na animação, o casal de peixes-palhaços aparece sendo do mesmo tamanho; porém, na biologia, não é bem assim, uma vez que, em geral, a fêmea é maior que o macho reprodutor que, por sua vez, é maior do que os machos não reprodutores de sua espécie. Ou seja, não há igualdade de tamanho entre eles.

Procurando Nemo, à época de seu lançamento, ficou famoso pelas grandiosidade e perfeição usadas pelos criadores para reproduzir o fundo do mar e a vida marinha. Foram usadas inúmeras variações de tons de azul e muito foi investido em pesquisa para que o mais próximo da realidade fosse transmitido na animação. No entanto, uma pequena alteração foi feita nos peixes retratados no desenho, uma vez que todos eles aparecem com olhos frontais e, na verdade, isso não ocorre em espécie nenhuma de peixe; todos têm visão lateral. Talvez isso se justifique para manter a relação de "olho no olho" entre personagens e espectadores criada com os olhos frontais e que acaba, quem sabe, gerando mais empatia.

Além de Nemo, outro personagem que ganhou o coração de todos foi Dory. Aliás, a peixinha fez tanto sucesso que ganhou uma animação para chamar de sua, *Procurando Dory* (2016). A graça e a simpatia dessa personagem vêm de seus problemas de memória. Entre outras façanhas, Dory consegue se esquecer de algo tão logo o registra. Isso seria possível no mundo real? A resposta é "não". Essa espécie de peixe não tem um sistema nervoso tão evoluído a ponto de ter memória – ao menos até agora a ciência não descobriu nada relacionado a isso, mas em se tratando de biologia e pesquisa nunca se sabe, não é?

> "SE VOCÊ PODE SONHAR, VOCÊ PODE FAZER."
>
> WALT DISNEY

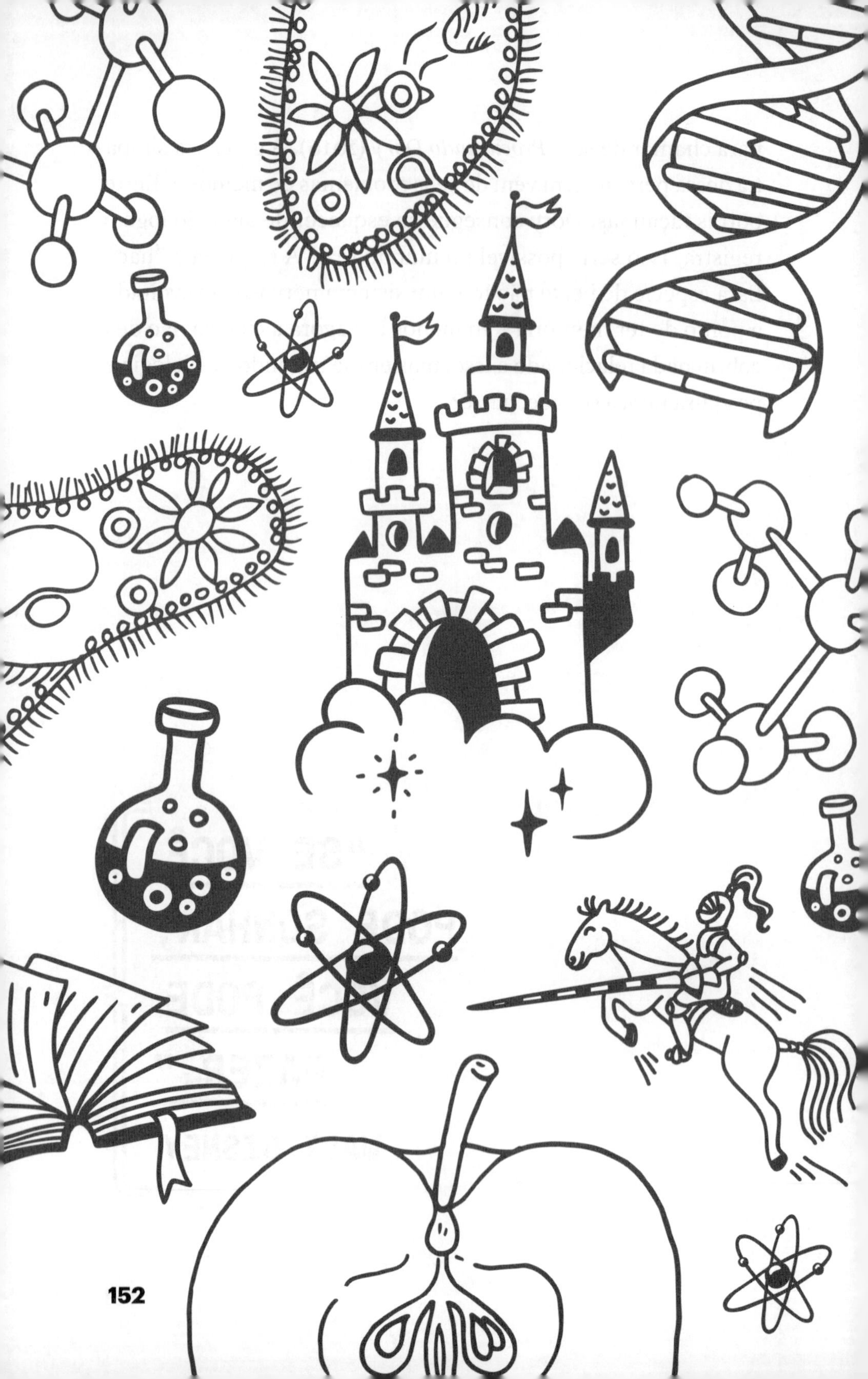

QUANDO A BIOLOGIA VIRA ASSUNTO NOS DESENHOS

Mas nem só de encontrar erros e mentirinhas saudáveis vivemos. Há também animações que se aliam à biologia para retratar, de modo simples e objetivo, questões tidas como curiosas ou até difíceis entre adultos e crianças. Isso é maravilhoso para os biólogos. Essas animações podem se tornar a porta de entrada para o fantástico mundo da ciência.

Quem não se interessou por estudar as eras glaciais e pré-históricas ao ver as animações de *A Era do Gelo* (2002)? O filme fez tanto sucesso que já chegou ao número 5 e, a cada lançamento, a animação passa por uma Era diferente, retratando o passado no planeta Terra.

O primeiro deles, lançado em 2002, se passa na Era Glacial e retrata o percurso de algumas espécies que tentam migrar para o hemisfério Sul para encontrarem um local adequado à sobrevivência. Sid, uma preguiça tagarela, conquista todos que assistem à animação. A cada cena, o animal vai agregando mais espécies ao seu grupo e, assim, muitas espécies seguem juntas, cada uma com seu objetivo, na viagem de migração para o Sul.

Outra animação que tem a biologia como pano de fundo é *O show da Luna!*, criada pelos brasileiros Célia Catunda e Kiko Mistrorigo em 2014. A protagonista, Luna, se destaca pela sua habilidade em matemática, química e biologia. A esperteza e a curiosidade da menina de 6 anos fazem com que ela use artifícios científicos para responder às questões sobre o funcionamento das coisas e às curiosidades que rodeiam a cabeça de uma criança da sua idade. Ao lado dela, sempre estão o irmão mais novo, Júpiter, e o furão de estimação, Cláudio. Juntos, os 3 vivem as mais inusitadas aventuras para solucionar dúvidas de biologia e outras ciências.

QUE CONTINUEM OS DESENHOS

Asas à imaginação é o que não falta na criação de animações. Aliás, é o que não deve faltar. E a biologia, ainda que retratada algumas vezes com certos errinhos e pequenos ajustes que não condizem com a realidade tal como ela é, não se sente lesada em nenhum momento por essas pequenas *nuances* de criação.

Ao contrário! Somos todos gratos por fazermos parte desse mundo tão maravilhoso que é a imaginação. Além disso, os desenhos são, muitas vezes, a porta de entrada para o fascínio pela biologia e pelo estudo dessa ciência tão maravilhosa.

Então, que os desenhos continuem e se apoiem o quanto puderem na biologia.

8

BIOLOGIA DA PAIXÃO

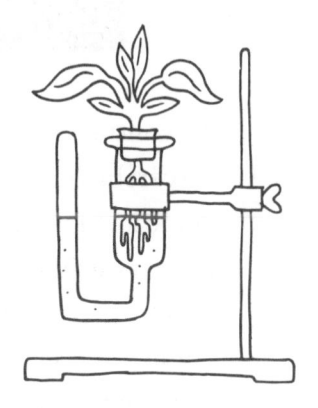

Quem nunca se apaixonou? Paixão e amor são a mesma coisa? Por que dizem que os apaixonados perdem a razão? Apaixonar-se é bom ou ruim? Quanto tempo dura a paixão? A paixão pode virar amor?

Talvez todos nós gostemos – pelo menos em algum momento da vida – de estar apaixonados por alguém, porém quem nunca sofreu pela ansiedade, as angústias, as emoções, o suor frio e o coração disparado que esse sentimento nos causa?

Acredite: nosso corpo reage e, biologicamente, nos salva desse complexo estado de sentimentos.

Você deve ter ouvido falar – ou sentido na pele – muita coisa sobre a paixão: que paixão tem prazo de validade, que se apaixonar não faz bem, que é possível se apaixonar a cada esquina, que paixão emagrece, que é perigoso, ou que, para amar, é preciso antes se apaixonar.

Mas, afinal, o que é verdade sobre esse louco e repentino sentimento? Podemos acreditar em tudo o que nos dizem?

Mais uma vez, buscamos a reposta para tudo isso na biologia.

BIOQUÍMICA DA PAIXÃO

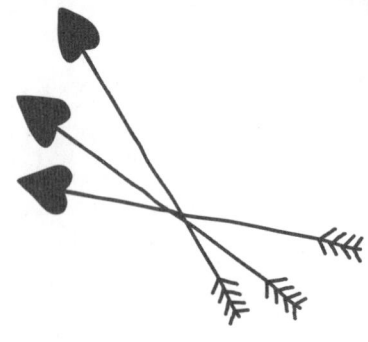

Ao contrário do que muitos pensam, a paixão primeiro acontece no cérebro para, depois – se houver depois –, tomar conta do nosso coração. Mas então, se é algo que acontece dentro da nossa cabeça, entre neurônios, como é que se explica a explosão de sentimentos que invade a nossa vida quando estamos apaixonados? E mais, como é que se explica o cupido com a flecha apontada para o coração, em vez de apontar para o cérebro?

Esse símbolo da paixão é uma figura popular antiga da mitologia greco-romana, na qual deuses e ninfas tentavam explicar o que acontecia nas relações humanas. A imagem do anjinho acertando uma flecha no coração da pessoa desejada provavelmente está relacionada à aceleração cardíaca e ao fogo no peito que sentimos quando apaixonados; no entanto, a flechada atinge a cabeça, pois se originam no cérebro as sensações comuns aos apaixonados: as "borboletas no estômago", os suspiros, o suor e o olhar perdido.

A paixão é resultante de uma combinação de fatores químicos, culturais e genéticos capazes de levar suas vítimas às nuvens.

Essa química é cheia de substâncias que causam sintomas intensos e avassaladores em todo o corpo. A paixão e os hormônios por ela liberados fazem bem? Sim. Mas também há efeitos ruins.

A ocitocina, um hormônio produzido pelo hipotálamo, regula o sono e colabora para uma sensação de bem-estar, mas há outras modificações num corpo apaixonado que são parecidas às que acontecem quando estamos sob efeito do estresse, como aumento da pressão sanguínea, dilatação dos vasos na pele (rubor), aumento da temperatura corporal, descarga de adrenalina, aumento das frequências respiratória e cardíaca e tremor muscular. A adrenalina é um inibidor natural do apetite e do sono. O cortisol, que também aumenta na fase mais aguda da paixão, tem efeito anti-inflamatório, que se torna prejudicial se durar demais, baixando a resistência do sistema imune e favorecendo infecções, como a gripe. Esse estado exagerado de excitação prejudica a memória e a concentração, o que pode afetar os estudos e o trabalho.

Vendo por esse lado, melhor não se apaixonar, né?

Lutar contra as vontades do cérebro ainda não está ao nosso alcance. A paixão não avisa quando pretende se instalar e há quem se apaixone a cada esquina.

Mas, calma! Essas alterações só nos fazem mal se forem muito intensas e durarem tempo demais, pois nosso corpo entra em um tipo de exaustão que pode levar à maior facilidade de contrair doenças. Sem contar que o próprio corpo o defende do que lhe faz mal.

Essas reações químicas ocorrem no corpo dos apaixonados de forma tão intensa que, cientificamente falando, não é possível permanecer apaixonado por muito tempo, pois, caso acontecesse, a nossa estrutura corporal entraria em colapso. Os seres humanos são biologicamente programados para se manterem apaixonados por um tempo autolimitado.

Por meio da ressonância magnética, especialistas notaram que se apaixonar pode levar um quinto de segundo e, em seguida, o cérebro começa a liberar substâncias indutoras de euforia. Uma explosão de neurotransmissores invade a corrente sanguínea. Basicamente, o hipotálamo passa uma mensagem através de diversas substâncias químicas para a hipófise, a qual libera hormônios que são rapidamente descarregados na corrente sanguínea.

E quais são os principais hormônios e neurotransmissores liberados na paixão? Entre os neurotransmissores: feniletilamina, noradrenalina, dopamina, serotonina e endorfina. Entre os hormônios: testosterona, ocitocina e vasopressina.

Cada substância química liberada pelo cérebro é responsável por desencadear uma reação.

Quanto aos hormônios, a testosterona, apesar de ser o hormônio sexual típico do homem, está presente também nas mulheres, porém em menor quantidade. Na mulher apaixonada, a substância aumenta e, por conseguinte, ela tem mais libido. Nos homens enamorados, a testosterona cai, deixando-os menos agressivos.

A ocitocina, por sua vez, além de estar relacionada ao prazer sexual, nos ajuda a entender a vontade permanente de estar perto da pessoa amada, uma vez que é responsável pelo apego. Ela é liberada em abraços e contatos físicos e, por ser o hormônio que estreita a relação do casal, pode ser vista em maior quantidade na fase inicial da paixão, o que prepara para um relacionamento estável.

Um dos neurotransmissores mais simples com concentrações aumentadas em cérebros de apaixonados é a feniletilamina, que, apesar de conhecida há muito tempo, só recentemente foi associada à paixão. É uma molécula natural parecida com anfetamina, com efeito potencializador do sistema nervoso central. Acredita-se que sua produção no cérebro seja desencadeada por eventos simples, como uma troca de olhares ou um aperto de mãos e, assim como a noradrenalina, ela contribui com a memória para novos estímulos. É por esse motivo que os apaixonados são conhecidos por ter boa memória, por lembrar de cada detalhe do *crush*: a roupa, o cheiro, a voz e tudo o que a ele estiver relacionado, ficando praticamente impossível resistir à paixão.

A feniletilamina estimula os níveis da noradrenalina, sendo responsável pelo coração acelerado. A noradrenalina, por sua vez, prepara para a ação de ver a pessoa amada, como uma reação de "ataque ou fuga". A endorfina e a dopamina também têm seus níveis aumentados na paixão. A primeira é o "hormônio da felicidade" e a segunda, a dopamina, é responsável pelo aumento do desejo pela pessoa amada. Ela atua nas descargas de emoções para o coração e para as artérias. É o neurotransmissor da alegria e da felicidade, que nos deixa agitados, corajosos e dispostos a realizar novas tarefas, apesar de dormirmos e comermos mal. É capaz de nos causar tanta alegria e felicidade que, feito mágica, tudo fica lindo e o amor passa a ser maravilhoso e perfeito.

Pesquisas recentes mostram que áreas cerebrais ricas em dopamina e endorfina, como o núcleo caudado, a área tegmentar ventral e o córtex pré-frontal, apresentam-se mais ativadas em pessoas apaixonadas. Esses neurotransmissores estimulam os circuitos de recompensa, os mesmos que nos proporcionam prazer em comer quando sentimos fome e em beber quando temos sede. Seguindo a mesma lógica, o contato com a pessoa que nos provoca encantamento, seja físico, por ligação ou mensagens virtuais, resultará na liberação de mais endorfina e dopamina, ou seja, de mais prazer.

Além dos mais conhecidos elementos envolvidos no mecanismo da paixão, a publicação científica americana *Psychoneuroendocrinology* mostrou que proteínas estão associadas a essa avalanche de sensações da paixão, causando euforia, dependência e outros sintomas. Segundo o trabalho da Universidade de Pavia, na Itália, a proteína NGF – fator de crescimento nervoso – aparece no sangue em níveis elevados nos primeiros meses de relacionamento e tende a normalizar com o tempo de convivência.

Resultados publicados no *Journal of Sexual Medicine* mostraram também que o aumento nos níveis sanguíneos do fator de crescimento nervoso, quando as pessoas se apaixonam, contribui na sensação de amor à primeira vista, pois esta molécula está relacionada à sociabilidade humana.

Quem poderia imaginar a complexidade desse sentimento chamado paixão, que altera nosso organismo, nosso psicológico, nosso humor e nos transforma em uma grande "piscina" de hormônios e neurotransmissores?

Essa descarga de hormônios que ocorre nos apaixonados, principalmente de dopamina, é a mesma descrita em indivíduos usuários de drogas psicoativas. Antropólogos e neurocientistas concordam que a resposta cerebral na paixão e no consumo de drogas é semelhante. Para o neurocientista Renato Sabbatini, professor da Faculdade de Ciências Médicas da Universidade de Campinas, na paixão o mecanismo cerebral é idêntico ao de viciados em cocaína. Essa dependência pode ainda levar a uma crise de abstinência quando os apaixonados se distanciam, segundo afirma a neurocientista francesa Lucy Vincent em seu livro *Por que nos apaixonamos: como a ciência explica os mistérios do amor*.

E como nem tudo são flores, no término de uma relação, pode ocorrer um significativo estresse emocional e depressão, sintomas semelhantes aos apresentados na abstinência de cocaína.

MAS TUDO NA PAIXÃO AUMENTA

Não. No estágio inicial da paixão, os níveis de serotonina caem, o que aumenta o desejo sexual, pois, quando seus níveis são reduzidos, sobem os níveis de dopamina, mudando a forma de pensar e sentir, com aumento de euforia e excitação, como vimos anteriormente. O apaixonado fica mais receptivo a novas sensações, como aquela de quando nos sentimos atraídos por alguém.

Diferente da maioria das substâncias químicas que apresentam níveis mais elevados no auge da paixão, a serotonina manifesta níveis reduzidos. Logo ela, que tem efeito calmante e nos ajuda a lutar contra o estresse. Ela é responsável pela "tonalidade" do humor. Sua redução torna os apaixonados mais sensíveis à depressão e há o rebaixamento do controle das emoções, do senso crítico e do autocontrole.

O assunto é tão importante e interessante que rende muitos estudos. Conheceremos alguns deles.

Donatella Marazziti, da Universidade de Pisa, na Itália, observou em seu estudo que a serotonina pode diminuir em cerca de 40% na fase aguda da paixão, percentual próximo ao da falta desse mesmo neurotransmissor em pessoas que sofrem de transtorno obsessivo compulsivo (TOC), explicando o comportamento quase psicótico do apaixonado na fase aguda, com seu pensamento incontrolável, atitudes insanas e fixação em uma única pessoa.

A paixão amorosa é uma das emoções mais poderosas que existem e, justamente por isso, pode chegar à loucura, segundo o doutor em neuropsiquiatria e professor da Faculdade de Medicina da Universidade Católica de Pernambuco, José Waldo Câmara.

Para a nossa sorte, quando o assunto é paixão, essa "loucura" tem data de validade, que varia de pesquisa para pesquisa. Sabbatini aponta que o fundamental é a paixão ir embora naturalmente, o que acontece em alguns meses, com o cérebro descarregando menos dopamina e reduzindo as endorfinas.

Cindy Hazan, professora da Universidade Cornell de Nova York, concorda que existe um limite de tempo para homens e mulheres sentirem os efeitos da paixão, afirmando que os seres humanos são biologicamente programados para se sentirem apaixonados durante dezoito a trinta meses. Em suas pesquisas em mais de 30 culturas, descobriu que a paixão possui um "tempo de vida" longo o suficiente para que o casal se conheça, copule e se reproduza.

A pesquisadora explica que as substâncias responsáveis pelo amor-paixão, como a dopamina, a feniletilamina e a ocitocina, são todos produtos químicos relativamente comuns no corpo humano, mas são encontrados juntos apenas durante as fases iniciais do encantamento, e que, com o tempo, o organismo vai se tornando resistente aos seus efeitos. Toda a "loucura" da paixão diminui gradualmente. A fase da atração não dura para sempre e o casal se depara com a seguinte dúvida: separar-se ou habituar-se a manifestações mais brandas de amor e permanecer junto? E da passagem de ansiedade para companheirismo, afeto e tolerância, descobrimos um novo jeito de gostar e uma relação estável.

DA PAIXÃO AO AMOR

Pesquisas recentes de um grupo de cientistas italianos e ingleses comprovam pequenas alterações nos hormônios de casais que estão juntos há pelo menos dois anos. A cientista Donatella Marazziti, que liderou esse grupo de pesquisas, resumiu esse efeito de um jeito bem simples: se os casais apaixonados decidem que os sentimentos nutridos entre eles são duradouros, os hormônios começam a contar outra história, o que encerra a necessidade de se procurar um novo alvo quando a fogueira da paixão apaga. Esse é o amadurecimento da paixão.

A surpresa é que a evolução para um relacionamento sério também tem suas explicações na biologia da paixão.

Durante as fases mais agudas da paixão, a ocitocina, responsável pela formação de laços afetivos mais duradouros e intensos, como o de mãe e filho, também tende a aumentar, preparando para um relacionamento estável. A ocitocina estreita a relação do casal e, graças à sua capacidade de gerar profundas conexões emocionais, de combustão de sentimentos, intimidade e desejo sexual, é conhecida como o hormônio do amor.

Com o tempo, a tendência é que os pombinhos se tornem menos "obcecados" um pelo outro. Conforme os laços começam a se estreitar, o núcleo da rafe – uma estrutura cerebral – passa a produzir mais serotonina, enquanto, em mais ou menos um ano, o fator de crescimento neural tende a voltar ao normal. Pode parecer menos excitante, mas o aumento da serotonina ajuda a desenvolver uma ligação menos dependente e mais confiante, que prepara os casais para relacionamentos duradouros.

Quanto mais tempo tem um relacionamento, menos dopamina é liberada no organismo, isso não significa, entretanto, que o vínculo entre as pessoas está se perdendo. Na verdade, as coisas apenas mudam, e uma molécula chamada "fator de liberação de corticotrofina" ajuda a manter os casais unidos. Isso porque ela é liberada sempre que os pombinhos estão separados, causando uma sensação desconfortável, que faz com que as pessoas sintam falta uma da outra.

Outro hormônio importante nessa fase é a vasopressina, que se eleva no organismo masculino. Ela está ligada ao comportamento territorial, o que pode explicar por que os homens, em relacionamentos saudáveis, são leais e protetores com seus parceiros, além de serem mais fiéis, enquanto em relacionamentos emocionalmente instáveis eles tendem a ser possessivos.

A linha que separa o amor da paixão, no entanto, ainda não está muito clara para a ciência. Por enquanto, a paixão está mais relacionada ao imediatismo do sexo, da atração sexual e da saciedade desse desejo, enquanto o amor está mais relacionado ao afeto, às afinidades, ao companheirismo e à vontade de dividir o ninho. De toda forma, amor e paixão são essenciais para a vivência e o bem-estar.

HÁ DIFERENÇA ENTRE OS HORMÔNIOS LIBERADOS POR HOMENS E MULHERES?

Homens e mulheres liberam os mesmos hormônios e neurotransmissores na fase aguda da paixão, lembrando que a testosterona pode se elevar nas mulheres e reduzir nos homens.

Os homens parecem ser mais suscetíveis à ação dessas substâncias. Eles se apaixonam de forma mais rápida e fácil que as mulheres. Além disso, a paixão está ligada a hormônios que, de acordo com a nossa idade, influenciam nossa capacidade de nos apaixonar, de modo que, quanto mais velho ficamos, menos nos apaixonamos.

Pelo fato da menopausa ocorrer em média mais precocemente que a andropausa, os homens ficam mais tempo sujeitos à paixão e seus "efeitos colaterais".

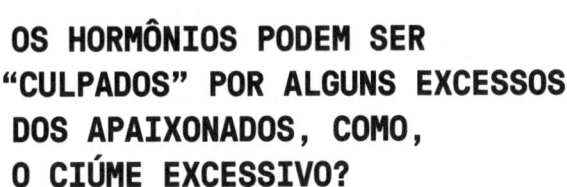

OS HORMÔNIOS PODEM SER "CULPADOS" POR ALGUNS EXCESSOS DOS APAIXONADOS, COMO, O CIÚME EXCESSIVO?

A vasopressina é o hormônio da proteção, do cuidado e também do ciúme.

O problema é que, em alguns casos, a paixão pode ultrapassar limites, transformando-se em obsessão. Logicamente, nem todo apaixonado é um obsessivo, mas as interações cerebrais são as mesmas.

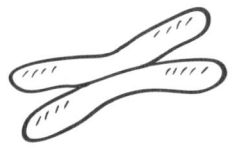

VICIADOS EM PAIXÃO

Você conhece alguém que se apaixona por se apaixonar e acaba se tornando aquela pessoa que pula de um relacionamento a outro num piscar de olhos? Basta que a paixão acabe para que o par seja trocado, ou seja, o indivíduo viciado em paixão está sempre apegado às sensações causadas no cérebro, mas não ao alvo apaixonado.

Segundo o psiquiatra Teng Chei Tung, do Hospital das Clínicas de São Paulo, especializado em ansiedade e depressão, esse vício pode ser muito mais sério do que uma simples troca romântica, uma vez que pode estar relacionado à bipolaridade e a outros transtornos de personalidade.

O contrário, ainda segundo o psiquiatra, também pode acontecer, isto é, pessoas inseguras e ansiosas podem bloquear-se diante da paixão, evitando que o cérebro chegue a produzir qualquer uma das reações químicas que listamos aqui, mesmo que se sintam atraídos fisicamente por um alvo.

O ideal, se existisse regra para a paixão, seria encontrar o equilíbrio entre esses dois tipos de apaixonados: nem tanto e nem tão pouco, uma vez que um pouquinho de frio na barriga não faz mal a ninguém.

A CIÊNCIA DA SEDUÇÃO

Se paixão é uma questão de bioquímica, o que explica a magia da sedução? Será que é também tudo justificado pela ciência ou se trata mesmo de mágica?

A verdade é que, nós, seres humanos, seguimos estudando o funcionamento do corpo humano na tentativa de desvendar mistérios ainda não explicados. Existe muita curiosidade sobre a atração entre as pessoas e, muito mais do que isso, a formação dos pares. Afinal, o que gera a atração por outro? O que nos faz querer permanecer ao lado de alguém?

Recentemente, um grupo de cientistas ingleses conseguiu traçar o mapa da atração fatal, ou seja, eles desvendaram exatamente o que acontece com o nosso corpo quando somos atraídos por alguém. Tudo acontece em questão de segundos, então, certamente, você leva menos tempo para se sentir atraído por alguém do que demora para ler esta página. Surpreendente, não?

E tudo ocorre por meio de uma troca de mensagens entre o meio externo e os nossos estímulos internos. Isto é, o que o nosso corpo percebe – mãos, pés, boca, olhos – é transmitido ao nosso cérebro. Esses estímulos chegam ao nosso hipotálamo, que vai desencadear o processo de liberação de 3 hormônios: a ocitocina (intensifica o desejo sexual), a serotonina (causa sensação de bem-estar) e a endorfina (proporciona a sensação de prazer). Se houver algum desvio nesse caminho, faltar a liberação de qualquer uma dessas substâncias, a sedução é prejudicada. Isso deve explicar por que somos atraídos por alguns e por outros, não.

A atração acontece rapidamente, mas será que há algum órgão que se manifesta primeiro? Algum que desperta mais a nossa atração? Há quem diga dominar as armas da sedução seguindo essa ordem: primeiro travando contato com o olhar, em seguida fazendo o olhar caminhar para os pés da pessoa, passando por joelho e tronco para, então, só depois, retornar à famosa troca de olhares. Daí vêm as famosas expressões "olhar 43", "olhos de ressaca", "encontro de olhares" e muitas outras que tentam explicar como deve ser esse sorriso com os olhos.

SEDUÇÃO NO MUNDO ANIMAL

Você realmente acha que as armas da sedução são exclusivas dos humanos? Obviamente que não. A sedução não só acontece entre os animais não humanos, como é um mecanismo muito importante para o acasalamento, auxiliando na perpetuação da espécie.

Para os animais, esse processo de sedução é extremamente importante, uma vez que é nele que a fêmea sinaliza para o macho – tanto física como visualmente – que está pronta para o acasalamento. Só depois desse sinal é que o macho dá início à tão popular dança do acasalamento. Resumindo, só ocorre sedução, de fato, se as fêmeas estiverem a fim e prontas para isso.

Outro detalhe é que depois desse sinal da fêmea, o casal passa a se reconhecer como sendo da mesma espécie. O macho começa

> **A SEDUÇÃO É UM MECANISMO MUITO IMPORTANTE PARA O ACASALAMENTO, AUXILIANDO NA PERPETUAÇÃO DA ESPÉCIE.**

a exibir seus dotes, despertar a atenção da fêmea para a sua saúde e para o quão saudável e potente são os seus genes para a reprodução segura. Caso contrário, se pertencessem a espécies diferentes, nada disso aconteceria. Isso quer dizer que o limite para a sedução no reino animal é concentrar-se dentro de uma única espécie. Questões de gênero, beleza e rituais ficam a critério dos envolvidos. Muito mais simples do que entre os humanos, não?

O que ninguém imagina, no entanto, é o quão bizarra pode ser a arte de seduzir dos bichos selvagens e domésticos. Os hipopótamos, por exemplo, espalham um jato de fezes para atrair a fêmea, enquanto os gatos, mais sutis, emitem gritinhos que atraem a fêmea.

Ficou curioso para conhecer mais rituais? Se sim, dá uma olhada:

LEÕES: ao contrário de nós, humanos, que ficamos grisalhos com o passar dos anos, as jubas dos leões escurecem à medida que envelhecem. Quanto mais escura, pesada e densa for a juba, mais saudável, forte e experiente é esse macho, o que basta para que a leoa corresponda ao seu olhar sedutor e exibido.

GIRAFAS: assim como os hipopótamos, algo não muito comum ocorre para que as girafas acasalem. No caso desses gigantes da selva, o macho cheira a urina da fêmea entre suas pernas e, caso ele perceba que ela está no cio, concretizará o acasalamento.

ARANHA-PAVÃO: comumente encontrado na Austrália, o macho dessa espécie de aranha usa uma dança para exibir sua beleza e virilidade, além de ser um tipo de luta pela sobrevivência. Pela sobrevivência? Ao dançar, ele exibe uma espécie de cauda colorida e exuberante, porém, se a fêmea não gostar do que viu, ela o mata.

Cada um usa as armas que tem!

AS CANTADAS DOS HOMENS

Se criatividade é o que não falta para os animais, o mesmo não pode ser dito dos homens, que vêm usando um artifício pobre e muitas vezes desrespeitoso, as famosas e quase sempre desagradáveis cantadas, para atrair e seduzir as mulheres.

Mas então por que a prática de passar uma cantada, ou melhor, jogar uma lábia, um papo envolvente em alguém não tem surtido o efeito esperado?

Segundo um estudo conduzido por Chris Kleinke, da Universidade do Alasca, as cantadas são vistas como algo pouco inteligente e ineficaz para as mulheres. Para chegar a essa conclusão, a pesquisadora conversou com um grupo de 163 mulheres e 137 homens e classificou as abordagens para puxar uma conversa em 3 categorias:

➡ DIRETAS ⬅
São aquelas que vão direto
ao ponto, por exemplo
"posso te acompanhar em um *drink*?".

➡ SUTIS ⬅
São as que começam por outro
assunto para se chegar
ao objetivo, o típico "tá calor aqui, não?".

➥ ATREVIDAS ⬅

As cantadas mais ousadas,
esdrúxulas, como as do nível:
"Hoje é seu aniversário?
Porque você está de parabéns!".

Os entrevistados tiveram de responder quais lhes agradavam mais. A terceira categoria ficou com as piores sensações, sendo sempre justificadas como pouco inteligentes.

Logo, se sua intenção é conquistar alguém pelo bom papo, melhor repensar suas cantadas atrevidas!

9

AS DESCOBERTAS MALUCAS

E INDISPENSÁVEIS EM NOSSA VIDA

COMO SERIA A NOSSA VIDA SEM CERTAS COISAS?

Pare por um instante e observe ao redor. Olhe em todas as direções: para os lados, para cima e para baixo. Alguma vez na sua vida você já fez isso com a intenção de analisar as pequenas e grandes coisas e como seria sua rotina sem elas? Já imaginou, por exemplo, como seria viver sem internet, só para citar algo que já nem nos damos conta do quanto influencia nossa existência?

Mas, começando com as coisas mais simples – porém não menos importantes –, como seria nossa vida sem roupas, sapatos, talheres, pratos e produtos de higiene básica? E indo um pouquinho adiante, como seria afinal nossa vida sem a roda e a energia elétrica?

Certamente seria uma existência bem diferente da que temos hoje. Se tirassem essas coisas do nosso cotidiano, nos adaptaríamos? Conseguiríamos sobreviver sem pelo menos um terço da pequena lista citada antes?

Essa reflexão parece tão vaga porque, na maioria das vezes, sequer nos damos conta do quanto estamos condicionados a depender de determinadas invenções. Sequer sabemos como e quando apareceram e, por vezes, nem entendemos o real motivo de sua invenção.

Será que tudo o que existe hoje foi realmente pensado para ser como é? Ou será que foi resultado de um pequeno erro ou acidente que, no fim das contas, acabou dando certo e pareceu útil?

MICRO-ONDAS: DESCOBERTA OU ACASO?

Como nem tudo é o que parece, com as invenções não seria diferente, não é mesmo? A começar pelo aparelho de micro-ondas, esse eletrodoméstico quase indispensável na nossa vida. Ele nada mais é que a percepção de um acaso. O invento surgiu na década de 1940 porque seu inventor, Percy Spencer, que se dedicava ao estudo de ondas eletromagnéticas em radares, decidiu investigar melhor porque uma barra de chocolate que estava em seu bolso derreteu quando ele se aproximou do aparelho que emitia as tais micro-ondas. Spencer testou a ação das micro-ondas com diversos alimentos até chegar à conclusão de que essas ondas, além de emitirem sinais de radar, serviam também para esquentar, descongelar e preparar alimentos. E foi assim, meio "sem querer", que o micro-ondas surgiu e, nada compacto como hoje, o primeiro a ser vendido tinha quase 2 m de altura. Já imaginou como seria um micro-ondas com cara de geladeira?

A GELADEIRA EM SUA ESSÊNCIA

Falando em geladeira, ao contrário do micro-ondas, tratou-se de um invento pensado e desenvolvido com o objetivo de refrigerar. Mas refrigerar o quê? Cerveja. Por mais inusitado que pareça, a primeira geladeira surgiu em 1856, quando uma fábrica de cervejas contratou o engenheiro James Harrison com a missão de desenvolver um mecanismo para gelar seus produtos. Depois disso é que os americanos começaram a pensar em algo que refrigerasse alimentos e frutas e, assim, surgiu a Domelre – Domestic Electric Refrigerator – em 1913, nos Estados Unidos.

SERÁ QUE TUDO O QUE EXISTE HOJE FOI REALMENTE PENSADO PARA SER COMO É? OU SERÁ QUE FOI RESULTADO DE UM PEQUENO ERRO OU ACIDENTE QUE, NO FIM DAS CONTAS, ACABOU DANDO CERTO E PARECEU ÚTIL?

COMO SURGIU A TELEVISÃO

Assim como a geladeira, a televisão entra na lista dos eletrodomésticos indispensáveis na vida dos mortais. E como a TV surgiu? Ao contrário do que muitos pensam, a criação da televisão não foi algo simples. Descobrir o mecanismo para a transmissão de imagens levou um bom tempo em razão de sua complexidade. O lado bom disso é que esse longo processo permitiu que o aparelho fosse aprimorado antes mesmo de chegar à casa dos telespectadores. Em 1923, o russo Vladimir Zworykin, que vivia nos Estados Unidos, inventou o tubo que é a base da televisão, o iconoscópio. Entretanto, somente em 1928 realizou-se a primeira transmissão de TV, feita por Ernst F. W. Alexanderson. Nessa época, a TV mais se parecia com um rádio. Além de som, transmitia imagens extremamente rudimentares. Somente em 1930 é que a TV surgiu "para valer", porém só podia ser vista em 22 salas públicas da Alemanha. Com o fim da Segunda Guerra Mundial e o aumento da renda das pessoas, a televisão finalmente se popularizou e, em 1954, ganhou cores. Pouco tempo depois, em 1962, a transmissão passou a ser feita via satélite, sendo possível enviar informações de um continente ao outro.

A televisão então se destacou como um importante meio de comunicação no mundo e até hoje vem sendo aprimorada, a ponto de atualmente ser possível acessar a internet e ver imagens em altíssima definição.

Ao que parece, os inventos hoje considerados essenciais à nossa existência surgiram conforme a necessidade ou por meio do "acaso" de alguns experimentos.

E aquilo que não é tão essencial assim mas, do mesmo modo, os inventores têm, ao longo dos tempos, se dedicado a criar? Seriam as criações mais bizarras do universo?

- **Controle de *videogame* em forma de colete. O invento nada mais é do que uma tentativa de acabar com as brigas em casa, pois enquanto alguém está jogando, o outro ganha uma massagem. Vale o investimento, não?**
- **Uma balança que, ao lado dos números, mostra o peso dos animais. Assim, é possível festejar o resultado com frases do tipo: "Hoje, estou tão leve quanto uma galinha!" ou "Oba! Meu peso é igual ao de um porco!".**
- **Uma maleta-aquário. Sim, vai que você precisa levar seu peixinho para algum lugar. Melhor poder segurar o próprio aquário pela alça, não é?**
- **Pantufas em forma de pé. Esse item dispensa comentários, afinal seria bem bom ter um lugarzinho para cada dedo na nossa pantufa!**
- **Um brinquedo eletrônico que lhe dá a sensação de estourar bolhas do plástico-bolha eternamente.**
- **Um sinalizador eletrônico que indica se seu hálito está ruim ou não.**

E aí, passou a desejar algum desses itens no momento em que ficou sabendo da existência deles?

Ainda que não seja por essas criações "malucas", confesse que é fã de alguma coisa não tão útil assim. Há quem, por exemplo, seja aficionado por papelarias e colecione bloquinhos, agendas, canetas ou lápis, e há quem colecione botões, selos, pijamas e até meias usadas por estranhos. Acredite: há colecionador de tudo aquilo que você possa imaginar ou não no mundo.

Gostou e se divertiu com essas criações? Saiba que a diversão não é exclusividade nossa. Os cientistas também riem, e muito, com tudo isso. No entanto, o grupo deles parece levar a coisa um pouco mais a sério e criou até um tipo de Prêmio Nobel para glorificar as invenções mais bizarras a cada ano.

O IgNobel, como é conhecido, tem como objetivo, segundo a revista *Nature*, fazer as pessoas rirem. Entre os mais bizarros, fazem parte da lista:

- **Ig da Paz de 2013, foi dado ao então presidente da Bielorrússia Alexander Lukashenko que, simplesmente, tornou o ato de aplaudir em público uma ilegalidade; e à polícia, que prendeu, por esse delito, uma pessoa com um braço só. Completamente sem sentido, não é?**
- **Pesquisadores da Universidade de Grenoble, na França, levaram o melhor no prêmio de Psicologia. Eles parecem ter comprovado o que todo mundo já sabe – segundo eles, quanto mais bêbada uma pessoa estiver, mais certeza terá de que é mais bonita, mais inteligente e mais engraçada.**
- **Na física, ganhou o Prêmio o grupo que chegou à conclusão de que, em algum lugar com gravidade menor que a do nosso planeta, seria possível caminhar sobre a água. Resta saber onde fica esse lugar e se há vida lá.**
- **Um grupo de cientistas japoneses levou o Prêmio na categoria de química por descobrir as enzimas da cebola responsáveis por nos fazerem chorar na cozinha. O lado bom disso é que esses mesmos cientistas desenvolveram uma técnica para produzir cebolas sem essas tais**

enzimas da choradeira. No que depender deles, o chororô na cozinha, pelo menos o por causa da cebola, está com os dias contados.

- **Na categoria Probabilidade, um grupo de cientistas levou o IgNobel por duas descobertas. A primeira constatava que quanto mais tempo uma vaca estiver deitada, maior a probabilidade de ela se levantar. E a segunda, adivinhe? Chegava à conclusão de que, se uma vaca estivesse de pé, seria impossível adivinhar o momento preciso em que ela iria se deitar.**

> ACREDITE:
> HÁ COLECIONADOR
> DE TUDO AQUILO
> QUE VOCÊ POSSA
> IMAGINAR OU NÃO
> NO MUNDO.

Além de inteligentes, os cientistas também são ótimos no quesito bom humor, mas quando o assunto é sério, esses mesmos profissionais são capazes de dedicar horas e mais horas de estudo para chegar à solução de um problema ou ao esclarecimento de uma grande questão que aflige boa parcela da humanidade. A partir disso, alguns avanços importantes merecem destaque:

- A água tem um quarto estado. Isto é, não é mais encontrada somente nos estados líquido, sólido e gasoso, como aprendemos na escola. O quarto estado é algo ainda não possível de ser explicado pela física clássica, mas, segundo os cientistas, basta que a água se sinta pressionada o suficiente para aparecer a quarta fase. Essa fase foi comprovada por cientistas do Laboratório Nacional de Oak Ridge, nos Estados Unidos, ao observarem as moléculas de H_2O aprisionadas dentro de um mineral chamado berilo, que compõe a esmeralda. Essa H_2O fica aprisionada em canais minúsculos em condições de extrema pressão. A esse fenômeno os cientistas deram o nome de efeito túnel, que só é observado na física quântica.
- O câncer é mais antigo do que você imagina. A partir de um fóssil de um pé humano de mais de 1,7 milhão de anos encontrado na África do Sul, um sistema de tecnologia 3D foi capaz de identificar que determinadas células do tecido ósseo sofreram mutações que causaram o crescimento de um estranho tecido ósseo, resultando em um tipo de osteossarcoma, o mais maligno dos sarcomas ósseos. Essa descoberta nos leva a crer que o câncer não é resultado exclusivo da vida moderna, levando pesquisadores que se baseavam nessa afirmação a encontrar outros caminhos para entender as causas dessa doença que tanto atormenta a existência na Terra.
- O primeiro avião movido à energia solar completou uma volta ao mundo. Não foi tarefa fácil completar uma viagem dessas sem nenhum combustível fóssil, uma vez que a aeronave não ultrapassava os 80 km/h de velocidade.

Porém, conseguir completá-la nos anima com o fato de que o mundo está cada vez mais próximo de conseguir sobreviver com energias mais sustentáveis e menos agressivas ao meio ambiente. Essa descoberta não se trata somente de uma evolução no mundo científico, mas passa a ser um marco no desenvolvimento de energias renováveis.

De tão maluco chega a ser absurdo!

É comum associarmos a imagem do cientista a uma figura de alguém maluco ou *nerd* demais. Verdade seja dita: determinadas invenções e pesquisas nos permitem chegar a essas analogias com sucesso. Mas outra verdade seja dita: como viveríamos sem os cientistas e as maluquices que eles investigam? Fica aqui registrado o nosso agradecimento por existirem e facilitarem tanto a nossa vida!

O resultado é que, muitas vezes, esses cientistas acabam relacionando coisas com fatores que sequer imaginamos, como a relação entre ter uma higiene bucal em ordem e ter menos riscos de doenças cardíacas. Parece mentira, mas, ao que tudo indica, quem cuida dos dentes tem menos chance de infartar do que quem não se importa muito com a higiene bucal.

E as maluquices não param por aí:

- **Em 2011, pesquisadores da Albany Medical College, nos Estados Unidos, descobriram que ratos não gostam de música, mas se forem obrigados a conviver com ela, preferem Beethoven a Miles Davis. No entanto, se ficam sob efeito de cocaína, Davis lhes soa melhor e, com isso, quando sóbrios acabam escolhendo o *jazz* em vez do clássico.**

- Nos anos 1990, o veterinário Albert Lopez publicou um estudo pela *American Veterinary Medical Association* no qual decidiu ser a própria cobaia. Sua intenção era verificar se carrapatos de felinos se interessam também pelos humanos e, após inserir esse ácaro na própria orelha, eureca! Percebeu que sua intuição estava certa. Fica a dica para quem tem gatinhos em casa.
- O grupo de Zootecnia da Universidade de Estocolmo publicou, em 2004, uma pesquisa que revela que galinhas tendem a preferir pessoas mais bonitas. Sim, essas aves parecem não querer se relacionar com humanos não tão bem afeiçoados assim.
- Não é segredo que o bocejo entre pessoas é contagioso: se alguém boceja numa sala, todos os outros presentes, inevitavelmente, sentem uma vontade incontrolável de também abrir a boca de sono. Na tentativa de descobrir se o mesmo acontecia entre os animais, a pesquisadora Dra. Anna Wilkinson, da Universidade de Lincoln, no Reino Unido, ensinou cágados a bocejarem. Depois de um tempo, a cientista colocou o grupo treinado ao lado de cágados desconhecidos e fez os primeiros bocejarem. Resultado: não, os cágados não treinados não foram contagiados pelos treinados. Logo, esse efeito parece ser exclusivo de nós, humanos.
- Seria possível nadar em uma piscina com algo parecido com mel? A primeira resposta que vem à mente é: "com certeza, não". No entanto, na tentativa de comprovar que talvez fosse possível o contrário, pesquisadores da Universidade de Minnesota, nos Estados Unidos, encheram uma piscina de 25 m com um fluido feito à base de guar (goma obtida de sementes), 2 vezes mais denso

que a água. E o que descobriram? Sim, é possível nadar sem qualquer dificuldade nessa piscina.

- Há quem diga que casais que estão juntos há muito tempo se parecem muito entre si, não só psicologicamente como também fisicamente. Muito mais do que um simples mito popular, essa curiosidade já foi assunto de uma pesquisa científica na década de 1980. O psicólogo Robert Zions conseguiu provar que essa semelhança é realmente verdadeira ao colocar pessoas estranhas para analisar fotos de recém-casados e casais juntos havia mais de 25 anos. O resultado? Foi mais fácil descobrir quem era casado com quem entre os que estavam juntos havia mais tempo. Tá aí mais um dito popular com comprovação da ciência.

Entre tantas pesquisas sérias, os cientistas parecem se divertir bastante com curiosidades que insistem em não sair da nossa cabeça. Se estão com a "pulga atrás da orelha", pesquisam, estudam e se libertam das dúvidas e desconfianças.

A lista das suas descobertas tem começo, mas não tem fim, uma vez que esses pesquisadores são incansáveis e dedicam uma vida inteira de estudos e pesquisas para melhorar a nossa existência aqui na Terra.

10

BIOLOGIA: CIÊNCIA OU ARTE?

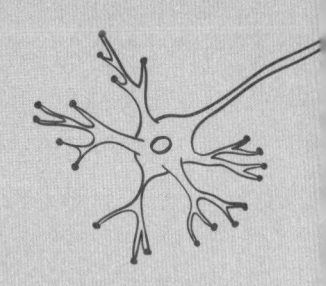

Confesso ser suspeito para falar de biologia, seus fascínios e surpresas. É um gigantesco universo de conhecimento que nos ajuda a entender um pouco sobre muito daquilo que nos intriga e encanta. Biologia é o estudo da vida em seu significado literal e, ao estudar sobre os seres vivos, sua origem, evolução, características e interações, nos desvenda exatamente aquilo a que se propõe: os mistérios da vida. Nos ajuda a compreender nosso planeta, outros planetas, nosso passado, presente e, como bem vimos, o futuro.

É essa biologia que talvez você ainda não tivesse conhecido. Ela vai além de uma disciplina escolar que você precisa estudar para cumprir o conteúdo programático, passar de ano e conquistar a tão sonhada vaga na universidade. Ela faz parte do seu cotidiano, do seu código genético, da sua aparência, da sua alimentação, dos seus sentidos, do seu entretenimento e da forma como você se expressa para o mundo. E saiba que essa biologia, a que faz parte

É UM GIGANTESCO UNIVERSO DE CONHECIMENTO QUE NOS AJUDA A ENTENDER UM POUCO SOBRE MUITO DAQUILO QUE NOS INTRIGA E ENCANTA.

do seu dia a dia, é a que deve orientar os seus estudos. Estudar para o Enem (Exame Nacional do Ensino Médio) pode ser mais interessante e simples quando entendemos a origem de tudo, a essência dos mais inusitados estudos e avanços tecnológicos, a curiosidade por trás da ciência e os grandes marcos da nossa existência.

Para você que não é muito fã da área de ciências naturais e tem certa dificuldade para deixar o conteúdo de biologia em dia, espero com esse livro ter despertado uma nova visão de estudo, a fim de simplificar seu aprendizado e otimizar o tempo gasto com essa matéria. Acredite, a biologia é mais compreensível e fácil quando você a entende e não apenas a decora.

E para você que, como eu, tem certa predileção por esta disciplina, espero ter aumentado sua paixão, mostrando que a biologia vai além de anatomia, genética, embriologia, ecologia, citologia, evolução, zoologia, botânica e tudo aquilo que você já gostava de estudar. Espero que, após seu mergulho nessa leitura, você ultrapasse o limite dos livros e o conteúdo a ser vencido para as provas e enxergue os processos biológicos com uma visão holística, buscando um entendimento integral dos fenômenos.

Amantes e não amantes da biologia, deixo com vocês o gostinho da vontade de entender a razão e o porquê de tudo, pois a compreensão e o conhecimento nos permitem desempenhar um louvável papel da biologia: preservar o meio ambiente e melhorar a nossa relação com nosso planeta. Lembrem-se: se não cuidarmos bem de tudo o que está ao nosso redor hoje, o "amanhã" pode ser bem diferente daquilo que esperamos.

Qual futuro você quer para o mundo e qual seu papel para atingi-lo? Já pensou nisso?

Caso não tenha resposta, tente buscar na biologia, pois como ciência ampla, de grande interdisciplinaridade, abrangendo áreas como física, matemática, química e geografia, está presente em cada detalhe do nosso dia a dia e influencia diretamente nossa vida e a sociedade.

Diante disso, vamos assim dizer que a biologia é mais do que uma disciplina que estuda a vida. Ela guia a nossa existência. É a arte que, por meio da observação, experimentos, confirmações, refutações, indagações, curiosidades e respostas, nos explica o universo e tudo que nele coexiste.

E aqui... chegamos à inspiração do BIOEXPLICA, projeto que me levou a ampliar a sala de aula e levar a biologia, seus encantos e ensinamentos para todo o Brasil, de forma didática, simples e divertida.

A você que compartilhou dessa experiência, deixo meu muito obrigado.

Um forte abraço do Professor Kennedy Ramos.

BIBLIOGRAFIA

4 DESENHOS animados para estimular a criatividade infantil. Blog *Pequenos Travessos*, 3 abr. 2017. Disponível em: <http://blog.pequenostravessos.com.br/4-desenhos-animados-para-estimular-a-criatividade-infantil/>. Acesso em: 3 maio 2018.

A FISIOLOGIA da paixão. Blog *Anatomia e Fisiologia Humanas*. Disponível em: <http://www.afh.bio.br/especial/paixao.asp>. Acesso em: 3 maio 2018.

ABESO (Associação Brasileira para o estudo da Obesidade e da Síndrome Metabólica). Diretrizes brasileiras de obesidade 2009/2010. 3. ed. Itapevi, SP: AC Farmacêutica, 2009. Disponível em: <http://www.abeso.org.br/pdf/diretrizes_brasileiras_obesidade_2009_2010_1.pdf>. Acesso em: 30 abr. 2018.

ABREU, Edeli Simioni de; VIANA, Isabel Cristina; MORENO, Rosymaura Baena et al. *Alimentação mundial: uma reflexão sobre a história*. Saude soc. [online]. 2001, vol.10, n.2, pp.3-14. ISSN 0104-1290. Disponível em: <http://dx.doi.org/10.1590/S0104-12902001000200002>. Acesso em: 2 maio 2018.

ALÉM do adultério, teoria da evolução justifica também a fofoca. *Criacionismo*, 27 jul. 2017. Disponível em: <http://www.criacionismo.com.br/2017/07/alem-do-adulterio-teoria-da-evolucao.html>. Acesso em: 30 abr. 2018.

ALIMENTAÇÃO saudável. *NUT/FS/UnB – ATAN/DAB/SPS*. Disponível em: <http://bvsms.saude.gov.br/bvs/publicacoes/alimentacao_saudavel.pdf>. Acesso em: 2 maio 2018.

ALVES, Lucas. Pesquisas bizarras por Robert Sommer. *Blog Ciência Maluca*, 2 fev. 2009. Disponível em: <http://ciencia-maluca.blogspot.com.br/>. Acesso em: 3 maio 2018.

AMATO, Juliana. Fertilização in vitro (FIV/IVF). Organização Fertilidade. Disponível em: <https://fertilidade.org/content/fertilizacao-vitro-fiv-ivf>. Acesso em: 30 abr. 2018.

ANOREXIA nervosa: um transtorno psicológico. *Sociedade Brasileira de endocrinologia e Metabologia*. Disponível em: <https://www.endocrino.org.br/anorexia-nervosa-um-transtorno-psicologico/>. Acesso em: 2 maio 2018.

ARARA-AZUL. *WWF Brasil*. Disponível em: <https://www.wwf.org.br/natureza_brasileira/areas_prioritarias/pantanal/nossas_solucoes_no_pantanal/protecao_de_especies_no_pantanal/arara_azul/>. Acesso em: 3 maio 2018.

ASSOCIAÇÃO MÉDICA BRASILEIRA E CONSELHO FEDERAL DE MEDICINA. *Anorexia nervosa*: diagnóstico e prognóstico. Projeto Diretrizes., 2011. Disponível em: <http://www.sbmfc.org.br/media/file/diretrizes/05anorexia_nervosa_diagnostico_e_prognostico.pdf>. Acesso em: 2 maio 2018.

BEIJA-FLOR. *Canal Natureza*. Disponível em: <https://iguinho.com.br/canalnatureza/beijaflor.html>. Acesso em: 30 abr. 2018.

BELLO, Flávia. "Já soube da última fofoca?" – A função da fofoca na sociedade. Blog *Para Não Pirar*, 19 abr. 2017. Disponível em: <https://paranaopirar.wordpress.com/2017/04/19/ja-soube-da-ultima-fofoca-a-funcao-da-fofoca-na-sociedade/>. Acesso em: 30 abr. 2018.

BONALUME NETO, Ricardo. Ficção quase científica: clássicos do cinema violam leis da natureza. *SuperInteressante*, 31 ago. 1995. Disponível em: <https://super.abril.com.br/cultura/ficcao-quase-cientifica-classicos-do-cinema-violam-leis-da-natureza/>. Acesso em: 3 maio 2018.

BORGES, Ellen Samille Cruz; DIAS, Viviane Borges. *A ficção científica e o ensino de biologia*: contribuição para a aprendizagem de conteúdos do ensino médio. Disponível em: <http://www.sbenbio.org.br/wordpress/wp-content/uploads/2014/11/R0134-1.pdf>. Acesso em: 3 maio 2018.

BORGES, Michelson. Além do adultério, teoria da evolução justifica também a fofoca. *Criacionismo*, 27 jul. 2017. Disponível em: <http://www.bbc.com/portuguese/noticias/2016/02/160131_vert_earth_fofoca_evolucao_ml>. Acesso em: 30 abr. 2018.

BRAIN structure may be root of apathy. *University of Oxford*, 13 nov. 2015. Disponível em: <http://www.ox.ac.uk/news/2015-11-13-brain-structure-may-be-root-apathy-0>. Acesso em: 30 abr. 2018.

BRANDEMBERG, Flaviane. Diferentes culturas e seus rituais amorosos. *Folha Vitória*, 3 set. 2015. Disponível em: <http://www.folhavitoria.com.br/entretenimento/blogs/sexo-e-prazer/2015/09/03/diferentes-culturas-e-seus-rituais-amorosos/>. Acesso em: 30 abr. 2018.

CARMELLO, Claudia. Por que tem gente que come muito e não engorda? *SuperInteressante*, 29 nov. 2017. Disponível em: <https://super.abril.com.br/saude/por-que-tem-gente-que-come-muito-e-nao-engorda/>. Acesso em: 2 maio 2018.

CARPANEZ, Juliana. Por que aranhas machos morrem depois do sexo? *SuperInteressante*, 31 mar. 2004. Disponível em: <https://www.google.com.br/amp/s/super.abril.com.br/ciencia/por-que-aranhas-machos-morrem-depois-do-sexo/amp/>. Acesso em: 30 abr. 2018.

CARVALHO, Luciana. 10 alimentos ótimos para a memória. *Exame*, 8 out. 2013. Disponível em: <http://exame.abril.com.br/estilo-de-vida/10-alimentos-otimos-para-a-memoria/>. Acesso em: 2 maio 2018.

CASAL de pinguins gays é 'expulso' de zoológico por roubar ovos. *G1*, 16 dez. 2008. Disponível em: <http://g1.globo.com/Noticias/PlanetaBizarro/0,,MUL924930-

6091,00-CASAL+DE+PINGUINS+GAYS+E+EXPULSO+DE+ZOOLOGICO+POR+ROUBAR+OVOS.html>. Acesso em: 30 abr. 2018.

CASTRO, Carol. Mulheres são mais preguiçosas do que homens. *SuperInteressante*, 26 jul. 2012. Disponível em: <https://super.abril.com.br/blog/cienciamaluca/mulheres-sao-mais-preguicosas-do-que-homens/>. Acesso em: 30 abr. 2018.

CHOI, Charles Q. Uma barata consegue sobreviver sem cabeça? *Scientific American Brasil*, 11 out. 2007. Disponível em: <http://www2.uol.com.br/sciam/noticias/uma_barata_consegue_sobreviver_sem_cabeca_imprimir.html>. Acesso em: 30 abr. 2018.

CLIQUE Ciência: Quais animais morrem após fazer sexo? UOL, 5 dez. 2013. Disponível em: <https://noticias.uol.com.br/ciencia/ultimas-noticias/redacao/2013/12/03/clique-ciencia-quais-animais-morrem-apos-fazer-sexo.htm>. Acesso em: 30 abr. 2018.

COMO FUNCIONA a Dieta do Mediterrâneo? *Dieta e Saúde*. Disponível em: <http://www.dietaesaude.com.br/dietas/28-dieta-do-mediterr%C3%A2neo>. Acesso em: 2 maio 2018.

CONHEÇA 15 erros e acertos da biologia nos desenhos animados. *Uol*. Disponível em: <https://educacao.uol.com.br/album/2013/09/10/conheca-15-erros-e-acertos-da-biologia-nos-desenhos-animados.htm#fotoNav=10>. Acesso em: 3 maio 2018.

CONHEÇA espécies reais que originaram personagens do filme 'Rio'. *O Impacto*, 6 abr. 2011. Disponível em: <http://oimpacto.com.br/2011/04/06/conheca-especies-reais-que-originaram-personagens-do-filme-rio/>. Acesso em: 3 maio 2018.

CULINÁRIA brasileira: conheça as comidas típicas do Brasil. *UOL*, 28 set. 2005. Disponível em: <https://educacao.uol.com.br/disciplinas/cultura-brasileira/culinaria-brasileira-conheca-as-comidas-tipicas-do-brasil.htm>. Acesso em: 2 maio 2018.

DENCK, Diego. 20 animais que apresentam comportamentos homossexuais. *MegaCurioso*, 10 ago. 2017. Disponível em: <https://www.megacurioso.com.br/animais/99489-20-animais-que-apresentam-comportamentos-homossexuais.htm>. Acesso em: 30 abr. 2018.

DIABETES. *Sociedade Brasileira de endocrinologia e Metabolima*. Disponível em: <https://www.endocrino.org.br/diabetes/>. Acesso em: 2 maio 2018.

D'ORNELAS, Stephanie. O que move os cientistas a fazerem descobertas? *Hypescience*, 31 jan. 2012. Disponível em: <https://www.google.com.br/amp/s/hypescience.com/o-que-move-os-cientistas-a-fazerem-descobertas/amp/>. Acesso em: 30 abr. 2018.

EXERCÍCIOS para o cérebro: o cérebro das crianças e a TV. *Supera*, 30 set. 2013. Disponível em: <http://metodosupera.com.br/exercicios-para-cerebro-cerebro-das-criancas-tv/>. Acesso em: 3 maio 2018.

FARIA, Caroline. Ficção Científica e a Ciência. *InfoEscola*. Disponível em: <https://www.google.com.br/amp/s/www.infoescola.com/literatura/ficcao-cientifica-e-a-ciencia/amp/>. Acesso em: 3 maio 2018.

FERRIS, Robert. A scientifically-accurate 'Finding Nemo' would have been terrifying. *Business Insider*, 20 ago. 2013. Disponível em: <https://www.businessinsider.com.au/clownfish-sex-changes-and-finding-nemo-2013-8>. Acesso em: 3 maio 2018.

FIGUEIREDO, Danielly Mesquita; RABELO, Flávia Lúcia. Diabetes insipidus: principais aspectos e análise comparativa com *diabetes mellitus*. Disponível em: <http://www.uel.br/revistas/uel/index.php/seminabio/article/view/4344>. Acesso em: 2 maio 2018.

FISIOLOGIA da paixão. *Portal Educação*. Disponível em: <https://www.portaleducacao.com.br/conteudo/artigos/direito/fisiologia-da-paixao/324>. Acesso em: 3 maio 2018.

FLORIANO, Jassana Moreira; D'ALMEIDA, Karina Sanches. *Prevalência de transtorno dismórfico muscular em homens adultos residentes na fronteira Oeste do Rio Grande do Sul*. Revista Brasileira de Nutrição Esportiva, São Paulo. v. 10. n. 58. p.448-457. Jul./Ago. 2016. ISSN 1981-9927. Disponível em: <www.rbne.com.br/index.php/rbne/article/download/671/568>. Acesso em: 2 maio 2018.

FRAUCA, Juan Revenga. Será que a dieta mediterrânea é tão saudável assim? *El País*, 10 jul. 2017. Disponível em: <https://brasil.elpais.com/brasil/2017/07/05/ciencia/1499278653_525806.html>. Acesso em: 2 maio 2018.

FRAZÃO, Dilva. Biografia de Michael Phelps. *EBiografia*. Disponível em: <https://www.ebiografia.com/michael_phelps/>. Acesso em: 3 maio 2018.

GANDRA, Carlos. Animais monogâmicos: quais os animais mais fiéis. *Mundo dos animais*, 18 fev. 2015. Disponível em: <https://www.mundodosanimais.pt/animais-selvagens/animais-monogamicos/>. Acesso em: 30 abr. 2018.

GARCIA, Flávia. Transtornos alimentares. *Sociedade Brasileira de endocrinologia e Metabologia*. Disponível em: <https://www.endocrino.org.br/transtornos-alimentares/>. Acesso em: 2 maio 2018.

GEREMIAS, Daiana. 19 pesquisas científicas completamente absurdas e engraçadas. *MegaCurioso*, 22 jun. 2015. Disponível em: <https://www.megacurioso.com.br/ciencia/71618-19-pesquisas-cientificas-completamente-absurdas-e-engracadas.htm>. Acesso em: 3 maio 2018.

HERMAN, Patricia. 10 animais "gays": estilos de vida alternativos. *Hypescience*, 26 nov. 2011. Disponível em: <https://hypescience.com/10-animais-gays-estilos-de-vida-alternativos/>. Acesso em: 30 abr. 2018.

HISKEY, Daven. Clownfish are all born male, a dominant male will turn female when the current female of the group dies. *Today I Found Out*, 31 ago. 2011. Disponível em: <http://www.todayifoundout.com/index.php/2011/08/clownfish-are-all-born-male-a-dominant-male-will-turn-female-when-the-current-female-of-the-group-dies/>. Acesso em: 3 maio 2018.

HOGENBOOM, Melissa. O mistério da homossexualidade em animais. *BBC Brasil*, 16 fev. 2015. Disponível em: <http://www.bbc.com/portuguese/noticias/2015/02/150211_vert_earth_animais_homossexuais_ml>. Acesso em: 30 abr. 2018.

HUGHES, Virginia. Like in Humans, Genes Drive Half of Chimp Intelligence, Study Finds. *National Geografic*, 12 jul. 2014. Disponível em: <http://news.nationalgeographic.com/news/2014/07/140710-intelligence-chimpanzees-evolution-cognition-social-behavior-genetics/>. Acesso em: 2 maio 2018.

INTELIGÊNCIA Artificial: empresa alemã cria robôs que imitam animais. *Brasil Econômico*, 14 mar. 2017. Disponível em: <http://tecnologia.ig.com.br/2017-03-14/inteligencia-artificial.html>. Acesso em: 2 maio 2018.

JONASSON, Thaisa. Entenda os efeitos da paixão no organismo. *Hospital Marcelino Champagnat*. Disponível em: <http://www.hospitalmarcelino.com.br/entenda-os-efeitos-da-paixao-no-organismo/>. Acesso em: 3 maio 2018.

JUSTE, Marília. Por que o homem é o primata com o maior pênis? *SuperInteressante*, 31 maio 2008. Disponível em: <https://www.google.com.br/amp/s/super.abril.com.br/ciencia/por-que-o-homem-e-o-primata-com-o-maior-penis/amp/>. Acesso em: 30 abr. 2018.

KALIL, Claudia Cozer; PISCIOLARO, Fernanda; SOARES, Andrea Vargas. O que é ortorexia nervosa? *Associação Brasileira para o Estudo da Obesidade e da Síndrome Metabólica*, 13 jun. 2016.Disponível em: <http://www.abeso.org.br/coluna/psiquiatria-e-transtornos-alimentares/o-que-e-ortorexia-nervosa->. Acesso em: 2 maio 2018.

LEONARDI, Ana Carolina. As 11 descobertas científicas mais importantes de 2016. *SuperInteressante*, 22 dez. 2016. Disponível em: <https://super.abril.com.br/ciencia/as-11-descobertas-cientificas-mais-importantes-de-2016/>. Acesso em: 3 maio 2018.

LIEBERMAN, D. E. *The story of the human body*: Evolution, Health and Disease. Nova York: Penguin Random House, 2013.

LOPES, Reinaldo José. Não somos a única espécie que faz sexo por prazer. *SuperInteressante*, 31 out. 2016. Disponível em: <https://super.abril.com.br/ciencia/nao-somos-a-unica-especie-que-faz-sexo-por-prazer/>. Acesso em: 30 abr. 2018.

_____. Pessoas acreditam em fofoca mesmo quando sabem a verdade, diz estudo. *G1*, 16 out. 2007. Disponível em: <http://g1.globo.com/Noticias/Ciencia/0,,MUL150795-5603,00-PESSOAS+ACREDITAM+EM+FOFOCA+MESMO+QUANDO+SABEM+A+VERDADE+DIZ+ESTUDO.html>. Acesso em: 30 abr. 2018.

LUBIN, Gus. Chimpanzees are forcing us to redefine what it means to be human. *Business Insider*, 23 jan. 2017. Disponível em: <http://www.businessinsider.com/chimp-intelligence-vs-humans-2017-1>. Acesso em: 2 maio 2018.

MAES, Jéssica. 10 animais que fazem sexo por motivos que vão além da reprodução. *Hypescience*, 26 dez. 2014. Disponível em: <https://hypescience.com/10-animais-que-trocam-sexo-por-favores/>. Acesso em: 30 abr. 2018.

MANSUR, Alexandre; VENTICINQUE, Danilo. O jogo dos 12 erros de "Rio". *Época*, 3 abr. 2011. Disponível em: <http://revistaepoca.globo.com/Revista/Epoca/0,,EMI223062-15220,00.html>. Acesso em: 3 maio 2018.

MCKELVEY, Cynthia. Astronomers explain what's wrong (and right) with the science in 'Star Wars'. *The Daily Dot*, 11 jan. 2016. Disponível em: <https://www.dailydot.com/parsec/astronomers-debunk-star-wars-science/>. Acesso em: 3 maio 2018.

MENTIRAS e redes sociais. *El país Brasil*, 18 nov. 2016. Disponível em: <https://brasil.elpais.com/brasil/2016/11/17/opinion/1479406670_739608.html>. Acesso em: 30 abr. 2018.

MILECH, Adolfo et. al. Org.: José Egidio Paulo de Oliveira, Sérgio Vencio - *Diretrizes da Sociedade Brasileira de Diabetes (2015-2016)*. São Paulo: A.C. Farmacêutica, 2016. Disponível em: <http://www.diabetes.org.br/profissionais/images/docs/DIRETRIZES-SBD-2015-2016.pdf>. Acesso em: 2 maio 2018.

MORAES, Pati. Cérebro direito, cérebro esquerdo e comportamento infantil. *Blog Terapia Sensorial*, 31 ago. 2014. Disponível em: <https://www.google.com.br/amp/s/terapiasensorial.wordpress.com/2014/08/31/cerebro-direito-cerebro-esquerdo-e-comportamento-infantil/amp/>. Acesso em: 3 maio 2018.

MUELLER, Matthew. This is what Usain Bolt could look like in the flash. *Comicbook*, 7 jan. 2017. Disponível em: <http://comicbook.com/dc/2017/01/07/this-is-what-usain-bolt-could-look-like-in-the-flash/>. Acesso em: 3 maio 2018.

NADAI, Mariana. Por que a aranha viúva-negra mata o macho após o acasalamento? *Mundo Estranho*, 3 ago. 2011. Disponível em: <https://www.google.com.br/amp/s/mundoestranho.abril.com.br/mundo-animal/por-que-a-aranha-viuva-negra-mata-o-macho-apos-o-acasalamento/amp/>. Acesso em: 30 abr. 2018.

NAOUM, Paulo Cesar. *Anemias* - classificação e diagnóstico diferencial. Disponível em: <http://www.ciencianews.com.br/arquivos/ACET/IMAGENS/anemias/Anemias_Classifica%C3%A7%C3%A3o_Diagn%C3%B3stico_Diferencial.pdf>. Acesso em: 2 maio 2018.

NICHOLLS, Henry. A vida sexual dos bonobos, os macacos 'feministas'. *BBC Brasil*, 29 mar. 2016. Disponível em: <http://www.bbc.com/portuguese/revista/vert_earth/2016/03/160329_vert_earth_bonobo_macaco_feminista_fd>. Acesso em: 30 abr. 2018.

NORONHA, Heloísa. 9 desenhos animados que falam de diversidade, representatividade e gênero. *Uol*, 21 nov. 2017. Disponível em: <https://noticias.bol.uol.com.br/ultimas-noticias/entretenimento/2017/11/21/9-desenhos-animados-que-falam-de-diversidade-representatividade-e-genero.htm>. Acesso em: 3 maio 2018.

NUTRIÇÃO cerebral. *Governo do Paraná*. Disponível em: <http://www.diaadiaeducacao.pr.gov.br/portals/pde/arquivos/1674-6.pdf>. Acesso em: 2 maio 2018.

O ANORMAL nadador Michael Phelps, suas medidas e sua dieta de 12.000 calorias diárias. *WebMais*, 16 ago. 2008. Disponível em: <https://blog.webmais.com/o-anormal-nadador-michael-phelps-suas-medidas-e-sua-dieta-de-12000-calorias-diarias/>. Acesso em: 3 maio 2018.

O CÉREBRO dos gatos. Blog *Mundo Animal: gatos e cães*. Disponível em: <https://divbastos.wordpress.com/2009/07/21/o-cerebro-dos-gatos/>. Acesso em: 30 abr. 2018.

O QUE É HIV. *Ministério da Saúde*. Disponível em: <http://www.aids.gov.br/pt-br/publico-geral/o-que-e-hiv>. Acesso em: 3 maio 2018.

O QUE É obesidade. *Sociedade Brasileira de endocrinologia e Metabologia*. Disponível em: <https://www.endocrino.org.br/o-que-e-obesidade/>. Acesso em: 30 abr. 2018.

O'HARE, Ryan. Why we are so lazy: Humans have evolved to conserve energy and avoid exertion, says expert. *Mail Online*, 30 ago. 2016. Disponível em: <http://www.dailymail.co.uk/sciencetech/article-3765311/Why-lazy-Humans-evolved-conserve-energy-avoid-exertion-says-expert.html>. Acesso em: 30 abr. 2018.

OLIVEIRA, Ana Flávia. 90% das mulheres fazem tarefas domésticas; entre homens, índice chega a 40%. *Último Segundo*, 5 mar. 2015. Disponível em: <http://ultimosegundo.ig.com.br/brasil/2015-03-05/90-das-mulheres-fazem-tarefas-domesticas-entre-homens-indice-chega-a-40.html>. Acesso em: 30 abr. 2018.

OLIVEIRA, André Jorge de. 6 filmes clássicos de ciência e ficção científica indicados por professores da Unesp. *Galileu*, 5 ago. 2015. Disponível em: <http://revistagalileu.globo.com/Cultura/Cinema/noticia/2015/08/6-filmes-classicos-

de-ciencia-e-ficcao-cientifica-indicados-por-professores-da-unesp.html>. Acesso em: 3 maio 2018.

OLIVEIRA, Fátima. Magia e encanto: os doces e dolorosos mistérios da paixão. Portal *Vermelho*, 14 jan. 2009. Disponível em: <http://vermelho.org.br/coluna.php?id_coluna_texto=2010&id_coluna=20>. Acesso em: 3 maio 2018.

OLIVEIRA, Monique; TARANTINO, Mônica. Aumente o poder do cérebro com exercícios. *IstoÉ*, 21 set. 2012. Disponível em: <https://istoe.com.br/239697_AUMENTE+O+PODER+DO+CEREBRO+COM+EXERCICIOS/>. Acesso em: 30 abr. 2018.

OS 10 ANIMAIS mais inteligentes do mundo. *Discovery Brasil*. Disponível em: <http://www.discoverybrasil.com>. Acesso em: 12 fev. 2018.

PAIXÃO pode ter o mesmo efeito da cocaína, sugere estudo. *Terra*, 25 out. 2010. Disponível em: <http://www.boasaude.com.br/noticias/8730/paixao-pode-ter-o-mesmo-efeito-da-cocaina-sugere-estudo.html>. Acesso em: 3 maio 2018.

PASCOAL, João Victor. A química do amor: o que o sentimento faz com seu corpo. *Curiosamente*. Disponível em: <http://curiosamente.diariodepernambuco.com.br/project/quimica-do-amor-o-que-o-sentimento-faz-com-o-seu-corpo/>. Acesso em: 3 maio 2018.

PEREIRA, Mariana Araújo. 4 Ideias da ficção científica que a Biotecnologia transformou em realidade. *Profissão Biotec*, 9 fev. 2017. Disponível em: <http://profissaobiotec.com.br/4-ideias-da-ficcao-cientifica-que-biotecnologia-transformou-em-realidade/>. Acesso em: 3 maio 2018.

PERESSIN, Alexandre. Darwin e a Guerra dos sexos. *Jornal Biosfera* (Unesp). Disponível em: <http://www.rc.unesp.br/biosferas/Art0049.html>. Acesso em: 30 abr. 2018.

PESQUISA explica por que os magros não engordam. *Terra*, 27 jan. 2009. Disponível em: <http://noticias.terra.com.br/ciencia/interna/0,,OI3475831-EI8147,00-Pesquisa+explica+por+que+os+magros+nao+engordam.html>. Acesso em: 2 maio 2018.

PIRES, Igor. Quem tem mais inteligência também tem mais preguiça. *Dicas Online*, out. 2017. Disponível em: <http://www.dicasonline.tv/inteligencia-tem-mais-preguica/>. Acesso em: 30 abr. 2018.

POR QUE AS CANTADAS de pedreiro não funcionam, segundo a ciência. *El Hombre*. Disponível em: <http://www.elhombre.com.br/por-que-as-cantadas-de-pedreiro-nao-funcionam-segundo-a-ciencia/>. Acesso em: 3 maio 2018.

PROENÇA, Rossana Pacheco da Costa. *Alimentação e globalização*: algumas reflexões. Cienc. Cult. [on-line]. 2010, vol.62, n.4, pp.43-47. ISSN 2317-6660. Disponível em: <http://cienciaecultura.bvs.br/scielo.php?script=sci_arttext&pid=S0009-67252010000400014>. Acesso em: 2 maio 2018.

PUGLIA, Carlos Roberto. *Indicações para o tratamento operatório da obesidade mórbid*a. Rev. Assoc. Med. Bras. [on-line]. 2004, vol.50, n.2, pp.118-118. ISSN 0104-4230. Disponível em: <http://dx.doi.org/10.1590/S0104-42302004000200015>. Acesso em: 30 abr. 2018.

QUEM É mais fofoqueiro, o homem ou a mulher? *Gazeta Brazilian News*, 13 abr. 2009. Disponível em: <http://gazetanews.com/quem-e-mais-fofoqueiro-o-homem-ou-a-mulher/>. Acesso em: 30 abr. 2018.

RAZÕES da permissibilidade da poligamia no Islã. *Organização Islamismo*. Disponível em: <http://www.islamismo.org/razao_poligamia.htm>. Acesso em: 30 abr. 2018.

REILLY, Kaitlin. Squidward on 'spongebob squarepants' isn't actually a squid & it's like our entire childhood was a lie. *Bustle*, 3 mar. 2015. Disponível em: <https://www.bustle.com/articles/67689-squidward-on-spongebob-squarepants-isnt-actually-a-squid-its-like-our-entire-childhood-was-a>. Acesso em: 3 maio 2018.

REYNOLDS, Gretchen. Exercícios físicos regulares melhoram raciocínio e memória. *O Globo*, 1 nov. 2011. Disponível em: <https://oglobo.globo.com/sociedade/saude/exercicios-fisicos-regulares-melhoram-raciocinio-memoria-3356048>. Acesso em: 30 abr. 2018.

ROCHEDO, Aline. A química da paixão. *SuperInteressante*, 31 out. 2016. Disponível em: <https://super.abril.com.br/comportamento/a-quimica-da-paixao/>. Acesso em: 3 maio 2018.

RODRIGUES, Danilo. O tamanho do cérebro dos bichos é proporcional à sua inteligência? *Mundo Estranho*, 24 ago. 2012. Disponível em: <https://mundoestranho.abril.com.br/mundo-animal/o-tamanho-do-cerebro-dos-bichos-e-proporcional-a-sua-inteligencia/>. Acesso em: 30 abr. 2018.

ROMANZOTI, Natasha. 8 animais que absolutamente não sentem prazer no sexo. *Hypescience*, 21 mar. 2016. Disponível em: <https://www.google.com.br/amp/s/hypescience.com/8-animais-que-mostram-seu-amor-de-maneira-dolorosa/amp/>. Acesso em: 30 abr. 2018.

_____. O país mais preguiçoso do mundo. *Hypescience*, 13 jul. 2017. Disponível em: <https://hypescience.com/o-pais-mais-preguicoso-do-mundo/>. Acesso em: 30 abr. 2018.

ROMARO, Rita Aparecida; ITOKAZU, Fabiana Midori. *Bulimia nervosa*: revisão da literatura. Disponível em: <http://www.scielo.br/pdf/prc/v15n2/14363.pdf>. Acesso em: 2 maio 2018.

ROTH, Gerhard; DICKE, Ursula. Evolution of the brain and intelligence. *Trends in Cognitive Sciences*, [S.l.], v. 9, n. 5, p. 250-257, maio 2005. Disponível em: <https://

www.sciencedirect.com/science/article/pii/S1364661305000823>. Acesso em: 12 fev. 2018.

RUBIN, Débora. A ciência da sedução - parte 1. *IstoÉ*, 12 nov. 2010. Disponível em: <http://istoe.com.br/110663_A+CIENCIA+DA+SEDUCAO+PARTE+1/>. Acesso em: 3 maio 2018.

RUIC, Gabriela. As 10 descobertas científicas mais bizarras de 2013. *Exame*, 13 set. 2016. Disponível em: <http://exame.abril.com.br/ciencia/as-10-descobertas-cientificas-mais-bizarras-de-2013/>. Acesso em: 3 maio 2018.

SENGHEISER, Lorrane. A atual indústria de alimentos norte americana. *Brasileiras Pelo Mundo*, 3 jul. 2015. Disponível em: <http://www.brasileiraspelomundo.com/eua-a-atual-industria-de-alimentos-voce-e-o-que-voce-come-491616670>. Acesso em: 2 maio 2018.

SEXO e reprodução no mundo animal. *Bio Interativa*, abr. 2017. Disponível em: <https://biointerativas.wordpress.com/2010/04/17/sexo-e-reproducao-no-mundo-animal/>. Acesso em: 30 abr. 2018.

SILVA, Karlla Patrícia. Um único amor por toda vida! Veja os animais que são monogâmicos e fiéis aos parceiros. *Diário de Biologia*. Disponível em: <http://diariodebiologia.com/2015/06/um-unico-amor-por-toda-vida-veja-os-animais-que-sao-monogamicos-e-fieis-aos-parceiros/>. Acesso em: 30 abr. 2018.

SMART, Andrew Smart. *Autopilot: The Art and Science of Doing Nothing*. Nova York: OR Books, 2013.

_____. *Beyond Zero and One: Machines, psychedelics and consciousness*. Nova York: OR Books, 2015.

SODRÉ, Raquel. 15 rituais sexuais inusitados pelo mundo. *SuperInteressante*, 29 maio 2017. Disponível em: <https://super.abril.com.br/blog/superlistas/15-rituais-sexuais-inusitados-pelo-mundo/>. Acesso em: 30 abr. 2018.

SOLARI, Guilherme. Há 15 anos, "Matrix" reinventava a ficção científica para o século 21. *Uol*, 31 mar. 2014. Disponível em: <https://cinema.uol.com.br/noticias/redacao/2014/03/31/ha-15-anos-matrix-reinventava-a-ficcao-cientifica-para-o-seculo-21.htm>. Acesso em: 3 maio 2018.

TELES, Amanda. A importância da alimentação saudável ao longo da vida refletindo na saúde. *Estadão*, 14 mar. 2017. Disponível em: <http://economia.estadao.com.br/noticias/releases-ae,a-importancia-da-alimentacao-saudavel-ao-longo-da-vida-refletindo-na-saude,70001698946>. Acesso em: 2 maio 2018.

THE 10 SMARTEST animals. *NBC News*. Disponível em: <http://www.nbcnews.com/id/24628983/ns/technology_and_science-science/t/smartest-animals/#.WaSgQT6GPIU>. Acesso em: 30 abr. 2018.

TIPOS de diabetes. *Sociedade Brasileira de Diabetes*. Disponível em: <http://www.diabetes.org.br/publico/diabetes/tipos-de-diabetes>. Acesso em: 2 maio 2018.

TIPOS de distúrbios alimentares. Blog *Distúrbios Alimentares*, 2011. Disponível em: <https://disturbiosalimentares8c.wordpress.com/tipos-de-disturbios/>. Acesso em: 2 maio 2018.

'UMA é suficiente': o líder muçulmano com 4 mulheres que quer banir a poligamia em parte da Nigéria. *BBC Brasil*, 27 fev. 2017. Disponível em: <http://www.bbc.com/portuguese/internacional-39105583>. Acesso em: 30 abr. 2018.

USAIN BOLT revela desejo de participar do filme "The Flash": "Seria muito legal", *SporTV*, 31 dez. 2016. Disponível em: <http://sportv.globo.com/site/programas/planeta-sportv/noticia/2016/12/usain-bolt-revele-desejo-de-participar-do-filme-flash-seria-muito-legal.html>. Acesso em: 3 maio 2018.

VALE TUDO na sedução? Animais usam dancinha grito e até ventilador de cocô. *Uol*, 8 ago. 2017. Disponível em: <https://noticias.uol.com.br/ciencia/ultimas-noticias/redacao/2017/08/08/clique-ciencia-ventilador-de-coco-e-uma-forma-de-conquista-entre-animais.htm>. Acesso em: 3 maio 2018.

VASCONCELOS, Yuri. Por que a gente fica com sono depois de comer? *Mundo Estranho*, 30 jul. 2008. Disponível em: <https://mundoestranho.abril.com.br/saude/por-que-depois-de-comer-a-gente-fica-com-sono/>. Acesso em: 30 abr. 2018.

_____. Que bichos de verdade são os personagens do desenho Bob Esponja? *Mundo Estranho*, 18 abr. 2011. Disponível em: <https://mundoestranho.abril.com.br/cinema-e-tv/que-bichos-de-verdade-sao-os-personagens-do-desenho-bob-esponja/>. Acesso em: 3 maio 2018.

VIEIRA, Paulo. Importância da alimentação no corpo humano. *Como Ter Saúde*, 8 dez. 2015. Disponível em: <http://comotersaude.com/importancia-da-alimentacao-no-corpo-humano/>. Acesso em: 2 maio 2018.

VILELA, Fernanda. Física x filmes: os erros da ficção científica. *Agência Ciência Web*, 20 set. 2013. Disponível em: <https://agenciacienciaweb.wordpress.com/2013/09/20/fisica-x-filmes-os-erros-da-ficcao-cientifica/>. Acesso em: 3 maio 2018.

VINCE, Gaia. Clownfish turn transsexual to get on in life. *New Scientist*, 10 jul. 2003. Disponível em: <https://www.newscientist.com/article/dn3928-clownfish-turn-transsexual-to-get-on-in-life/>. Acesso em: 3 maio 2018.

WALT Disney. *Wikipedia*. Disponível em: <https://pt.wikipedia.org/wiki/Walt_Disney>. Acesso em: 3 maio 2018.

WE'RE LAZY but Chinese want to be just like us. *University of New South Wales*, 5 jul. 2006. Disponível em: <https://www.eurekalert.org/pub_releases/2006-07/uons-wlb070506.php>. Acesso em: 30 abr. 2018.

YARAK, Aretha. Pela primeira vez, mais da metade dos brasileiros está acima do peso. *Veja*, 27 ago. 2013. Disponível em: <http://veja.abril.com.br/saude/pela-primeira-vez-mais-da-metade-dos-brasileiros-esta-acima-do-peso/>. Acesso em: 2 maio 2018.

ZOLFAGHARIFARD, Ellie. 'Big brain' DNA found in humans: Single gene that made us more intelligent than chimps is identified for the first time. *Mail Online*, 27 fev. 2015. Disponível em: <http://www.dailymail.co.uk/sciencetech/article-2972875/Big-brain-DNA-humans-Single-gene-intelligent-chimps-identified-time.html>. Acesso em: 2 maio 2018.

FILMES CITADOS

Doctor Who. Criadores: Sydney Newman, C. E. Webber e Donald Wilson. Série BBC, 1963.

Star Trek. Direção e Criação: Gene Roddenberry. Discovery Networks, 1966.

2001: uma odisseia no espaço. Direção: Stanley Kubrick. Warner Bros. Entertainment, 1968.

Solaris. Direção: Steven Soderbergh. 20th Century Fox, 2002.

Star Wars. Direção: George Lucas. Lucas film, 20th Century Fox, 1977.

Superman IV: em busca da paz. Direção: Sidney J. Furie. Warner Bros. Entertainment, 1987.

Perdido em marte. Direção: Ridley Scott. 20th Century Fox, 2015.

Matrix. Direção: Lilly Wachowski e Lana Wachowski. Warner Bros. Entertainment, 1999.

Galinha pintadinha. Criadores: Juliano Prado e Marcos Luporini. Som livre, 2006.

Branca de Neve e os setes anões. Direção: David Hand. Walt Disney Pictures, 1937.

Mickey Mouse. Criadores: Walt Disney. Walt Disney Pictures, 1928.

Pato Donald. Criadores: Walt Disney. Walt Disney Pictures, 1934.

Cinderela. Direção: Clyde Geronimi, Hamilton Luske e Wilifred Jackson. Walt Disney Pictures, 1950.

Os três porquinhos. Direção: Burt Gillett. Walt Disney Pictures, 1933.

A bela adormecida. Direção: Les Clark, Eric Larson e Wolfgang Reitherman. Walt Disney Pictures, 1959.

Bambi. Direção: David Hand. Walt Disney Pictures, 1942.

Pinóquio. Direção: Hamilton Luske e Ben Sharpsteen. Walt Disney Pictures, 1940.

Mogli: o menino lobo. Direção: Wolfgang Reitherman. Walt Disney Pictures, 1967.
Dumbo. Direção: Ben Sharpsteen. Walt Disney Pictures, 1941.
Peter Pan. Direção: Hamilton Luske. Walt Disney Pictures, 1953.
Alice no País das maravilhas. Direção: Hamilton Luske. Walt Disney Pictures, 1951.
A pequena sereia. Direção: John Musker e Ron Clements. Walt Disney Pictures, 1989.
Rio. Direção: Carlos Saldanha. 20th Century Fox, 2011.
Madagascar. Direção: Eric Darnell e Tom McGrath. DreamWorks Animation, 2005.
Bob Esponja. Direção: Stephen Hillenburg. Paramount Pictures, 2004.
Procurando Nemo. Direção: Andrew Stanton. Pixar Animation Studios, 2003.
Procurando Dory. Direção: Andrew Stanton. Pixar Animation Studios, 2016.
A era do gelo. Direção: Carlos Saldanha e Chris Wedge. 20th Century fox, 2002.
O show da Luna. Criação: Célia Catunda e Kiko Mistrorigo. Discovery Kids, 2014.

Este livro foi composto em Lyon Text, Graphik e
GT Pressura e impresso pela Intergraf para a
Editora Planeta do Brasil em julho de 2018.